DIY俱乐部

35款
最佳创意
棒针作品

DIY手工俱乐部会员　主编　　朴智贤　审编

辽宁科学技术出版社
LIAONING SCIENCE AND TECHNOLOGY PUBLISHING HOUSE
·沈阳·

图书在版编目(CIP)数据

35款最佳创意棒针作品 / DIY手工俱乐部会员主编
－沈阳：辽宁科学技术出版社, 2010.9
ISBN 978－7－5381－6643－9

Ⅰ. ①3 … Ⅱ. ①D … Ⅲ. ①棒针－绒线－服装－编织
－图集Ⅳ. ①TS941.763－64

中国版本图书馆CIP数据核字(2010)第 166614 号

出版发行：辽宁科学技术出版社
（地址：沈阳市和平区十一纬路29号　邮编：110003 ）
印　刷　者：利丰雅高印刷（深圳）有限公司
经　销　者：各地新华书店
幅面尺寸：185 mm × 225 mm
印　　张：5
字　　数：100千字
印　　数：1～10000
出版时间：2010年9月第1版
印刷时间：2010年9月第1次印刷
责任编辑：赵敏超
封面设计：幸琦琪
版式设计：幸琦琪
责任校对：李淑敏

书　　号：ISBN 978－7－5381－6643－9
定　　价：25.80元

联系电话：024－23284367 赵敏超
邮购热线：024－23284502
E-mail:473074036@qq.com
http://www.lnkj.com.cn
本书网址：www.lnkj.cn/uri.sh/6643

Contents

本书作品
使用的针法

꘡ =下针
（又称为正针、低针或平针）

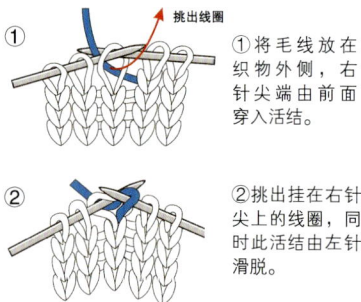

① 将毛线放在织物外侧，右针尖端由前面穿入活结。

② 挑出挂在右针尖上的线圈，同时此活结由左针滑脱。

一 或 □ = 上针
（又称为反针或高针）

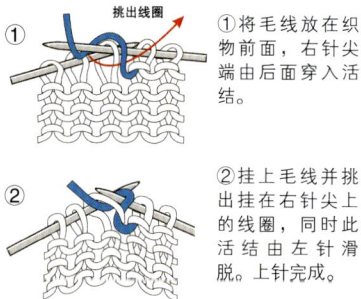

① 将毛线放在织物前面，右针尖端由后面穿入活结。

② 挂上毛线并挑出挂在右针尖上的线圈，同时此活结由左针滑脱。上针完成。

O = 空针
（又称为加针或挂针）

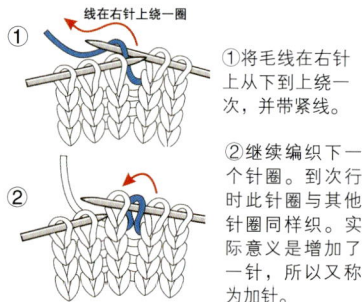

① 将毛线在右针上从下到上绕一次，并带紧线。

② 继续编织下一个针圈。到次行时此针圈与其他针圈同样织。实际意义是增加了一针，所以又称为加针。

Ω = 扭针

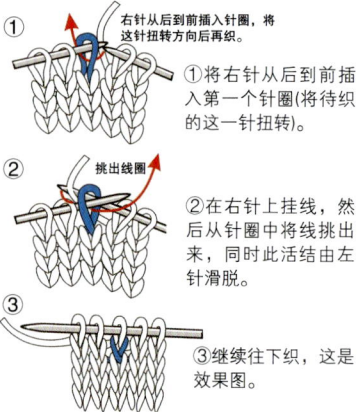

① 将右针从后到前插入第一个针圈（将待织的这一针扭转）。

② 在右针上挂线，然后从针圈中将线挑出来，同时此活结由左针滑脱。

③ 继续往下织，这是效果图。

Ω = 上针扭针

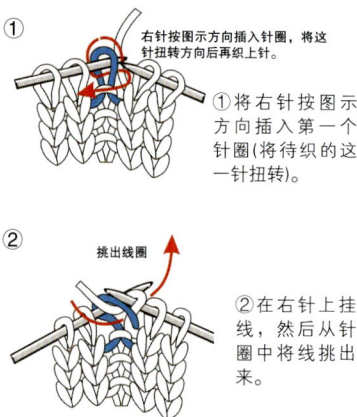

① 将右针按图示方向插入第一个针圈（将待织的这一针扭转）。

② 在右针上挂线，然后从针圈中将线挑出来。

∩ = 滑针

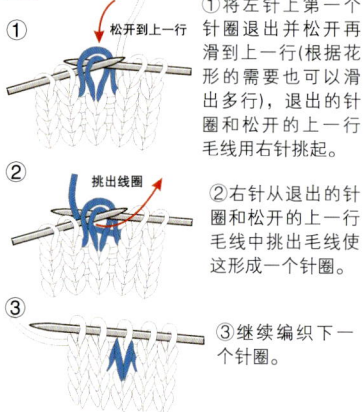

① 将左针上第一个针圈退出并松开再滑到上一行（根据花形的需要也可以滑出多行），退出的针圈和松开的上一行毛线用右针挑起。

② 右针从退出的针圈和松开的上一行毛线中挑出毛线使这形成一个针圈。

③ 继续编织下一个针圈。

O = 锁针

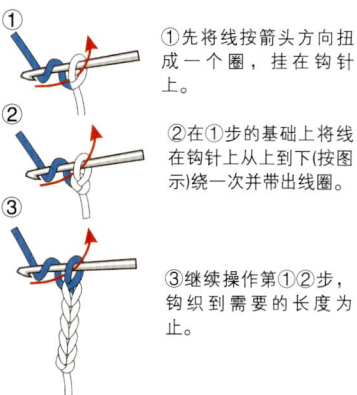

① 先将线按箭头方向扭成一个圈，挂在钩针上。

② 在①步的基础上将线在钩针上从上到下（按图示）绕一次并带出线圈。

③ 继续操作第①②步，钩织到需要的长度为止。

X = 短针

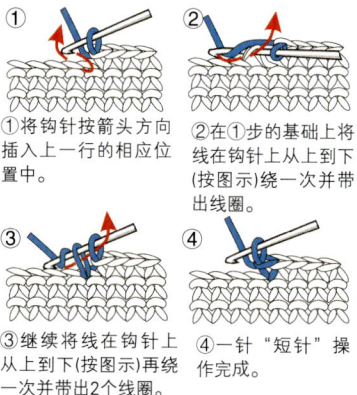

① 将钩针按箭头方向插入上一行的相应位置中。

② 在①步的基础上将线在钩针上从上到下（按图示）绕一次并带出线圈。

③ 继续将线在钩针上从上到下（按图示）再绕一次并带出2个线圈。

④ 一针"短针"操作完成。

T = 长针

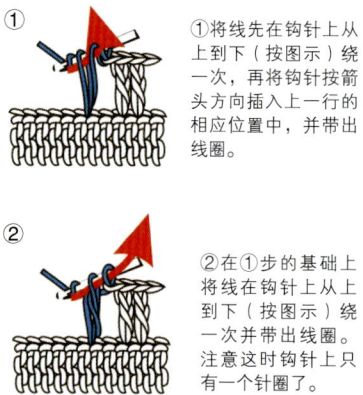

① 将线先在钩针上从上到下（按图示）绕一次，再将钩针按箭头方向插入上一行的相应位置中，并带出线圈。

② 在①步的基础上将线在钩针上从上到下（按图示）绕一次并带出线圈。注意这时钩针上只有一个针圈了。

= 枣针(3针长针并为1针)

①将线先在钩针上从上到下(按图示)绕一次，再将钩针按箭头方向插入上一行的相应位置中，并带出线圈。

②在①步的基础上将线在钩针上从上到下(按图示)绕一次并带出线圈。注意这时钩针上有2个针圈了。

③继续操作第②步两次，这时钩针上就有4个针圈了。

④将线在钩针上从上到下(按图示)绕一次并从这4个针圈中带出线圈。一针"枣"操作完成。

= 左加针

①左针第一针正常织。

②左针尖端先从这针的前一行的针圈中从后向前挑起针圈。针从前向后插入并挑出线圈。

③继续织左针挑起的这个线圈。实际意义是在这针的左侧增加了1针。

= 右加针

①在织左针第一针前，右针尖端先从这针的前一行的针圈中从前向后插入。

②将毛线在右针上从上到下绕一次，并从挑出线圈中挑出绒线，实际意义是在这针的右侧增加了一针。

③继续织左针上的第一针。然后此活结由左针滑脱。

= 中上3针并为1针

①用右针尖从前往后插入左针的第二、第一针中，然后将左针退出。

②将绒线从织物的后面带过，正常织第三针。再用左针尖分别将第二、第一针挑过套住第三针。

= 右上2针并为1针

①第一针不织移到右针上，线从后带过正常织第二针。

②再将第一针用左针挑起套在刚才织的第二针上面，因为有这个拔针的动作，所以又称为"拔收针"。

= 左上2针并为1针

①右针按箭头的方向从第二针、第一针插入两个针圈中，挑出绒线。

②再将第二针和第一针这两个针圈从左针上退出，并针完成。

= 1针下针右上交叉

①第一针不织移到曲针上，右针按箭头的方向从第二针针圈中挑出绒线。

②再正常织第一针(注意：第一针是在织物前面经过)。

③右上交叉针完成。

= 1针下针左上交叉

①第一针不织移到曲针上，右针按箭头的方向从第二针针圈中挑出绒线。

②再正常织第一针(注意：第一针是在织物后面经过)。

③左上交叉针完成。

使用的针法

= 1针下针和1针上针左上交叉

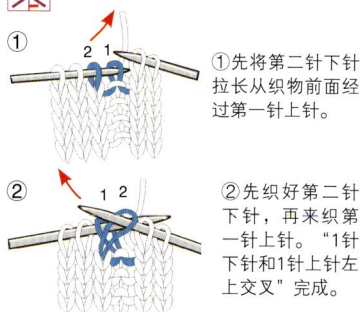

① 先将第二针下针拉长从织物前面经过第一针上针。

② 先织好第二针下针，再来织第一针上针。"1针下针和1针上针左上交叉"完成。

= 1针下针和1针上针右上交叉

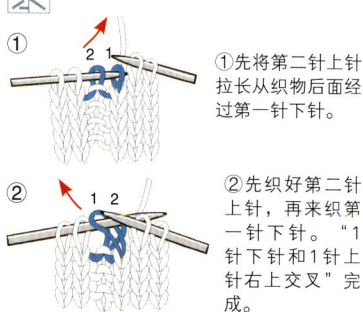

① 先将第二针上针拉长从织物后面经过第一针下针。

② 先织好第二针上针，再来织第一针下针。"1针下针和1针上针右上交叉"完成。

= 1针下针和2针上针左上交叉

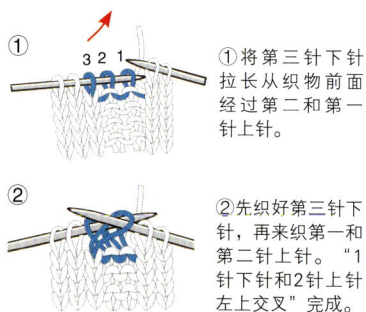

① 将第三针下针拉长从织物前面经过第二和第一针上针。

② 先织好第三针下针，再来织第一和第二针上针。"1针下针和2针上针左上交叉"完成。

= 1针下针和2针上针右上交叉

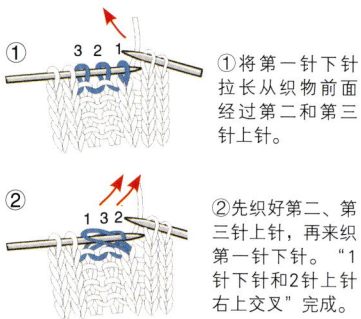

① 将第一针下针拉长从织物前面经过第二和第三针上针。

② 先织好第二、第三针上针，再来织第一针下针。"1针下针和2针上针右上交叉"完成。

= 2针下针和1针上针左下交叉

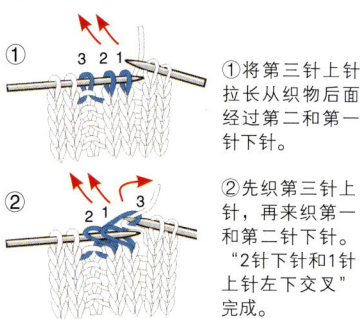

① 将第三针上针拉长从织物后面经过第二和第一针下针。

② 先织第三针上针，再来织第一和第二针下针。"2针下针和1针上针左下交叉"完成。

= 2针下针和1针上针左上交叉

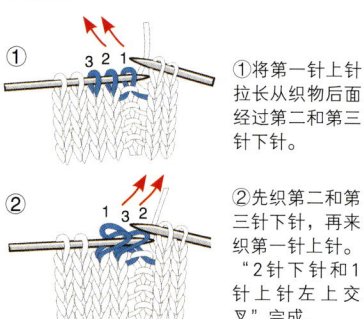

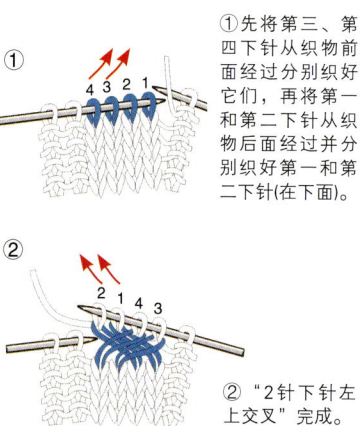

① 将第一针上针拉长从织物后面经过第二和第三针下针。

② 先织第二和第三针下针，再织第一针上针。"2针下针和1针上针左上交叉"完成。

= 2针下针右上交叉

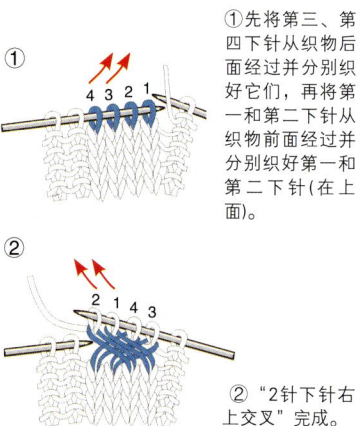

① 先将第三、第四针从织物后面经过分别织好它们，再将第一和第二下针从织物前面经过并分别织好第一和第二下针(在上面)。

② "2针下针右上交叉"完成。

= 2针下针左上交叉

① 先将第三、第四下针从织物前面经过分别织好它们，再将第一和第二下针从织物后面经过并分别织好第一和第二下针(在下面)。

② "2针下针左上交叉"完成。

= 2针下针右上交叉，中间1针上针在下面

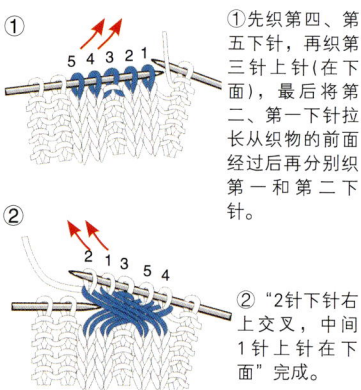

① 先织第四、第五下针，再织第三针上针(在下面)，最后将第一、第一下针拉长从织物的前面经过后再分别织第一和第二下针。

② "2针下针右上交叉，中间1针上针在下面"完成。

= 2针下针左上交叉，中间1针上针在下面

① 先将第四、第五下针从织物前面经过，再分别织好第四、第五下针，再织第三针上针(在下面)，最后将第二、第一下针拉长从第三上针的前面经过，并分别织好第一和第二下针。

② "2针下针左上交叉，中间1针上针在下面"完成。

= 3针下针和1针下针左上交叉

① 先将第一针拉长从织物后面经过第四、第三、第二下针。

② 分别织好第二、第三和第四下针，再织第一下针。"3针下针和1针下针左上交叉"完成。

= 3针下针和1针下针右上交叉

① 先将第四针拉长从织物后面经过第三、第二、第一下针。

② 先织第四下针，再分别织好第一、第二和第三下针。"3针下针和1针下针右上交叉"完成。

= 3针下针右上交叉

① 先将第四、第五、第六下针从织物后面经过并分别织好它们，再将第一、第二、第三下针从织物前面经过并分别织好第一、第二和第三下针(在上面)。

② "3针下针右上交叉"完成。

= 3针下针左上交叉

① 先将第四、第五、第六下针从织物前面经过并分别织好它们，再将第一、第二、第三下针从织物后面经过并分别织好第一、第二和第三下针(在下面)。

② "3针下针左上交叉"完成。

= 在1针中加出3针

① 将毛线放在织物外侧，右针尖端由前面穿入活结，挑出挂在右针尖上的线圈，左针圈不要松掉。

② 将毛线在右针上从下到上绕1次，并带紧线，实际意义是又增加了1针，左针圈仍不要松掉。

③ 仍在这一个针圈中继续编织①一次。此时左针上形成了3个针圈。然后此活结由左针滑脱。

= 3针并为1针，又加成3针

① 右针由前向后从第三、第二、第一针(3个针圈中)插入。

② 将毛线在右针尖端从下往上绕过，并挑出挂在右针尖上的线圈，左针3个针圈不要松掉。

③ 将毛线在右针上从下到上再绕1次，并带紧线，实际意义是又增加了1针，左针圈仍不要松掉。

④ 继续在这3个针圈上编织①一次。此时右针上形成了3个针圈。然后将第一、第二、第三针圈由左针滑脱。

= 铜钱花

① 先将第三针挑过第二和第一针(用针圈套住它们)。

② 继续编织第一针。

③ 加1针(空针)，实际意义是增加了1针，弥补①中挑过的那1针。

④ 继续编织第三针。

Pretty

时尚的
钩花小披肩

P049

时尚、美丽的小披肩配上一袭长裙，不仅显得现代时尚，更有一股高贵的气质散发出来。

领口的钩花设计
精致美观
突显女性高雅气质

羽之语

广西人，自小就很喜欢各类编织。我的理想是，系统地学习服装方面的知识，有朝一日能有自己的服装品牌，让更多的人穿上我设计的服装。

小时候，妈妈怕编织毛衣会耽误学习，不让我学，我唯有自己偷偷捡着妈妈织剩下的毛线球来练手。由于是各种边角料的大杂烩，所以弄出来的作品经常惨不忍睹，但仍然乐在其中。现在的我，有超强的毛线情节，一到北京的毛纺城就流连忘返，一看到喜欢的毛线就有想买的冲动。

款式简洁、色彩低调
是时尚和高贵的组合 ★

衣服风格简单大方，但是又不失时尚感，穿上去，给人干净利落而又精致美丽的感觉；黑色和灰色的搭配，带来一种低调的高贵气质。

Pretty

塑身的
圆领中袖长装

亲肤性好，质地柔软舒适，手感细腻均匀。

P 050~053

轻薄贴身的上身效果

塑造女性完美的曲线美感。

正面

背面

搭配**黑色丝袜**★
带来性感的诱惑

整体风格一致，显得简单大方。

王日红

住在江苏盐城的王日红喜爱手工，自己开了一个叫"日红时尚毛编"的店面，主要业务有：毛线专卖、衣服加工、量身定织各类毛衣等。

柔软舒适的手感，卡腰的设计，无一不突显女性的曼妙身姿。可以当裙子穿，也可以当上衣穿，搭配黑色丝袜，自有一股别样的韵味散发出来。

扭花纹到身腰处
恰到好处地
起到收腰的作用

背面

侧面

Pretty

沉稳的
扭花纹上装

P054
~056

毛衣沉稳的色彩，在这个秋日，也一
样充满活力与青春。

正面

注入成熟感元素 ★
提升女性气质

灰色的毛衣已经显得很低
调、沉稳了，再加上黑色的裤
子，显得更加成熟。

还记得小时候妈妈亲手编织
的"温暖"牌毛衣吗？厚重、温
暖、舒适，独特的款式设计在众
多衣服中脱颖而出。如今，机织
毛衣横行于市，但是，机织的毛
衣又怎敌得过亲手织的温暖？

特意加入的帽子
不但能遮挡风寒
还融入运动的元素

正面

背面

天气无情人有情，在寒冷的冬季，穿上亲人亲手编织的毛衣，一针一线里面，密密麻麻地编织着关怀，让你在寒冷的冬天里感受温暖。

小手提包的加入 ★
带来时尚的气息

黑色的手提包，不仅让女性看起来小巧，而且更加彰显时尚的气息。

P 057~061

Pretty

气质款
连帽拉链长衣

厚厚的毛衣，浓浓的情意。

清新款
大开领上衣

深绿的颜色，给人清新的感觉。

P 061 ~064

正面

背面

宽大的开领
别具一格
彰显衣服的非凡大气

让人挪不开眼球的那一抹绿，青翠得让人误以为春天已经到来。带着春天一般的心情去踏青，融入同样绿的树叶中，放飞心情。

搭配小巧元素★
提升女性的精致美

一款小挎包就这样随意地披在肩上，细细的链子，小巧的包形，都增加了女性优雅精致的感觉。

时尚款 Pretty
素雅佳人装

款式简洁明了，视觉干净利落。给人干练的感觉。

腰间编织带的设计
起到很好的装饰作用
而且突显腰形

正面

敏敏翠翠

从小看着妈妈为自己穿针引线，记忆中，母爱总是那么令人难以忘怀。如今，有幸能够从事编织类的工作，也即将做人母的我，对于编织，更是情有独钟。"编织温暖，传递母爱"，送给亲人自己亲手编织的毛衣，他们的幸福就是我的快乐！敏敏翠翠，现居住在深圳，从事编织手工工作数十年，DIY手工俱乐部管理员。

简单、利落、大方而又不缺乏时尚感，穿上它，一副完全可以独当一面的女强人形象瞬间展现在我们面前，想让自己获得更多的信任吗？衣着也是不可小觑的因素。

搭配独特元素
突显美丽 ★

一款长毛衣，下面搭配紧身的黑色丝袜，带给人性感的美丽。

 P068~070

颜色巧妙搭配★
彰显时尚魅力

深色的毛衣内搭白色的打底衣，显得时尚感极强。

时尚的毛衣，搭配颇具诱惑力的网眼丝袜，若隐若现，妩媚而不露骨。举手投足之间，尽显女性魅力。

Pretty

妩媚的
俏丽佳人装

深色的毛衣套在白色的衣服上面，突显时尚魅力。

宽松的大领设计
增添时尚华丽感
突显女性气质

正面

侧面

衣服巧妙搭配
营造运动休闲风★

我酷故我在，我有我风格。可爱的毛衣同样可以穿出运动休闲风格。

还是当年那位邻家的女孩，一转眼的工夫，已经长成大姑娘了，但依然是青春逼人、神采飞扬。一件带帽的毛衣，也可以穿出年轻无极限！

毛茸茸的帽子设计增添衣服的可爱度休闲好搭配

正面

P 071 ~072

Pretty

可爱的
带帽休闲长装

毛衣不是累赘，毛衣也可以穿得如此轻巧休闲！

长长的毛衣，下面搭配黑色的裤袜和靴子，时尚的搭配，让别人想不注意都不行！

衣服毛球的设计
打破了沉默的颜色
增添了可爱感

似乎是适合万物冬眠的冬季，但是想要运动的冲动，却不可抑制地迸发出来。在寒冷的季节，穿上这件手织的毛衣，活跃的情绪得到释放。

正面

P 072 ~073

Pretty

休闲款
动感长装

深冬季节，凝结着的万物静悄悄的，
为什么我们不早点喊醒春天呢？

Pretty

蓬松的
长款针织衫

春的灵动，夏的灿烂，凝结到秋的成熟中◎

高爽的云天让秋不再萧杀，
放下了郁结让脚步依然轻盈。

背面

突显女性气质
显得衣服高雅
胸前花纹的设计

刘丽

扬州地区的刘丽虽年近半百，
但令人羡慕的是不仅保持苗条的身
材，更是秀外慧中，创新的思维加一
双灵巧的双手。编织使她有成就感，
也更加的自信美丽。

侧面

正面

阅尽春光，赏过
夏色，定格在阡陌的
心结里。循迹而去，
回味青涩的无忧，体
悟驿动的碎步，感受
真挚的牵挂。情调做
线，情意成针，织得
了花团锦簇，织不尽
绵绵旧梦。

018

Point:独特的麦穗花形翻边领

编织技巧:

1.领子横织并加上麻花边更加的灵秀美丽。

2.前上半身是两个1/4圆;后上半身是半个圆;更加体现了女性的柔美。

3.领、袖、下部门襟及底边均是大麻花边,使得毛衣的整体更加的协调大方。

一条红白相间的围巾，就这么轻轻地围在脖子上，不仅显得时尚，也让衣服更加醒目。

两种不同的花纹交替
没有重叠的累赘感
而是衔接得恰到好处

正面

背面

P 076～077

Pretty

V领的
红色可爱装

喜庆的红色，光彩夺目，夺人眼球。

娇小的女孩秋冬尽量避免烦琐厚重的装扮，一款红色的休闲毛衣，搭配流行的鞋子、裙子，都会直接提高清新视觉，拉长身材比例，变身时尚迷人小美女！

万蓝丛中一线红
别出心裁的设计
夺人眼球

Pretty

成熟款
个性长裙

凉意十足的秋风中，艳丽的颜色，增添了几分暖意。

背面

P 078
~079

侧面

古典美丽 ★
编织自己的风采

领口边、袖口边和下摆边都织上红色的毛线，让人精神为之一振。

独特的胸线设计
在加上收腰效果
提升裙子的淑女感

P
079
~081

Pretty

贴身款
窈窕淑女裙

窈窕淑女，君子好逑，说的不正是这样的女子吗？

秋风乍起，天气转凉，从衣柜里拿出你为我织的毛线裙，不怕臃肿累赘，依然展现身材的轻盈魅力，在秋风中，做一个端庄成熟的淑女。

腰带★
加入时尚元素

漂亮环纹腰带的加入，起到装饰的作用，使裙子更加美丽时尚。

领口蝴蝶结设计

让衣服透露出可爱

突显俏皮的感觉

在春秋的季节里，总是绽放着青春的美丽。

他人的高兴就是我的快乐，每每看到家人和朋友穿着我编织的毛衣满足的样子，我也很开心。因为在为他们编织毛衣的同时，我也在编织着自己的心灵、自己的生活。

正 面

背 面

搭配可爱感元素彰显气质 ★

领口可以打结的两根带子，让衣服透露出可爱、俏皮的感觉。

Pretty

随意的
对襟长袖长装

在时光如流水消逝，我依然脚步轻盈。

围巾和胸花
显得衣服精美
彰显女性气质

侧面

背面

搭配成熟感元素
突显气质 ★

配上随风飘动的原装围巾，显得飘逸、自信、美丽。

保持愉悦的心情是女人永远年轻的秘诀之一，从今天开始为自己好好编织一件漂亮别致的毛衣，让自己的心情愉快起来，开心地过好每一天。

Point: 简约 V 字领设计

1.衣服由前片、后片、袖片三部分组成。

2.前片胸部运用了横织的方法,让衣服更具有线条美。

3.袖子从袖口起102针往上编织,要注意袖下线两侧要加针。

左胸上单独编织的花朵，带来美丽的气息，增加裙子的魅力。

编织毛衣可以给人带来许多乐趣，在编织的过程中可以忘记一些不愉快，让喧嚣远离尘世，给自己内心一个宁静的空间，让自己的心情舒畅。

胸前从上到下的竖形花纹
给裙子添加了花样
彰显女性的美丽

背面

正面

P 084~086

宽大版 Pretty
艳丽连衣裙

像一只美丽的红蝴蝶，在我们的视线中翩然起舞。

一袭棕红色长裙，搭配黑白相间的格子帽，不管是颜色还是款式，都彰显出时尚的气质。

好几年了，一直为别人忙，没有好好地给自己织一件可心的毛衣。现在就开始给自己织一件，一定要编织得别致漂亮，给自己换个心情，愉快起来，做个气质高雅的快乐女人，好好地过好生活中的每一天。

不同的镂空花纹不但增加了衣服的美感还有透气的效果

背面

侧面

Pretty
魅力款
个性圆领裙

回归经典，绽放魅力，举手投足之间，自有别样韵味散发出来。

P087~088

加入独特元素
打造运动休闲风★

宽松的造型，让衣服看起来休闲、随意、安逸。略带军旅风格的帽子的加入，更是彰显女性的帅气、活力的一面。

整齐的竖形花纹
让衣服显得端庄优雅
突显温婉气质

侧面

背面

P089

Pretty

宽松版
长袖对襟上装

整体风格宽松舒适、简洁大方。

妈妈织毛衣，曾是我童年时最爱看的一道风景，看着色彩缤纷的线团在妈妈灵巧轻盈的手中神奇地化着，毋需多日就见一件件“旷世之作”从妈妈手诞生了。看着一件件“出炉作品”，我就惊讶不已，对心灵手巧的妈妈更是佩服得五体投地。

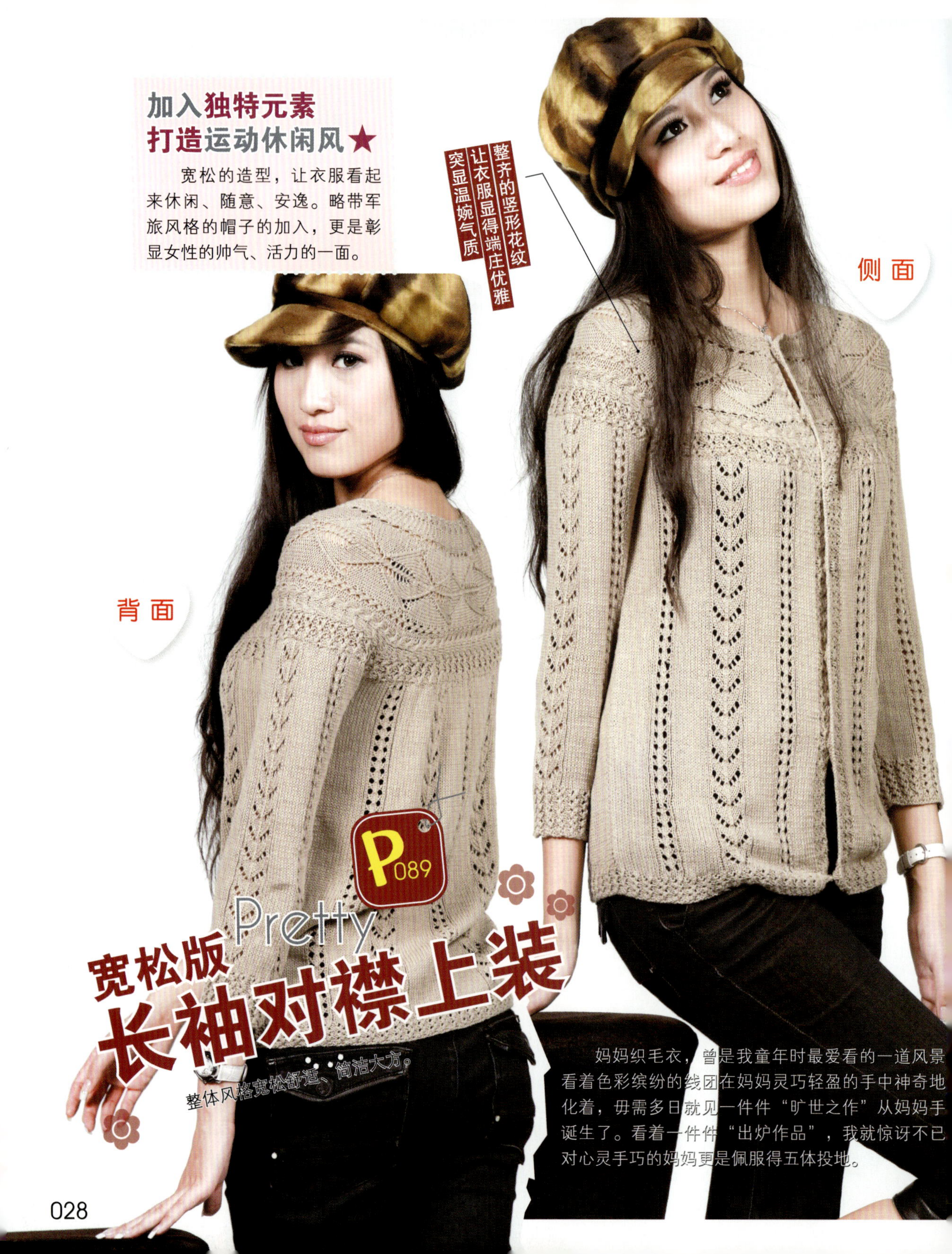

Pretty

淡雅的圆领短袖衫

P 090~091

淡雅的毛衣加上你青涩的微笑，融入这初春之中，就像春天即将到来，万物待兴。

背面

大圆形花纹加上散射的线形花纹增添了衣服的独特性

侧面

搭配时尚帽子突显气质 ★

柔顺的头发，服帖地包裹在帽子里面，带给人时尚和柔美的感觉。

母爱就像是这件毛衣，母亲将爱深深地编织在衣服的一针一线中，织满了骨肉亲情，她诠释了世界上的真、善、美。这份织入毛衣中的爱，子女将珍爱一生……

整件衣服显得简单干脆，但是不同花纹勾勒出线条的美感，显得很精致、美丽，让女人的气质由内而外散发出来。

领口精致的花纹设计
独特的圆形花纹
让衣服显得很大气

正

P
091
~092

背面

Pretty

简洁款
素雅吊带衫

整件衣服款式简洁大方，但是不缺乏女性的细腻美感。

真情总是洋溢在生活周围，用心体会就能捕捉到爱的足迹。一针一线总关情，编织者给每位亲人织了毛衣，却往往忽略了自己。她在用心爱着所有爱的人，胜过她自己。

Pretty

个性款
V领长袖针织衫

P 092 ~096

紫色象征着高贵，穿上它，无形中提升
你高贵的气质。

颜色的搭配恰到好处
出于紫色但不突兀于紫色
让人赏心悦目

背面

正面

前胸的菱
形花纹和后背
的斜杠花纹是
这件衣服与众
不同之处，是
个性所在。

搭配时尚元素 ★
突显女性魅力

同色围巾不但实用，而且
添加美丽；帽子的加入，起到
了点缀的作用。

031

深V领长袖高腰衣

这件衣服风格简洁干练，穿上它，突显干净利落的气质。

深V领设计
显得脖子修长
突显女性气质

正面

背面

拥有一件这样的毛衣，可以穿出自信美丽，亲手编织一件这样的衣服又如何呢？赶快拿起手中的针线吧！不管是织给亲戚朋友，还是织给自己，这都是不错的选择！

钩织精美花纹 ★ 提升视觉享受

左右对称的花纹在中间汇合，给人流线般的视觉美感。

Point: 独特的披肩式深V领

编织技巧:

　　1.衣服上部分花样是由一个大圆形沿对折线对折后而成的。衣服下部分由三角形组成，在衣服前后片各织一个三角形，衣服身片即可完成。

　　2.袖子为左右各一片，从袖窿处挑针往袖口方向织，起120针按花样编织。

看着胸前那灰白色的花朵，凝固了时间，还能不能重新编织，脑海中关于毛球的记忆？

黑色毛衣，就储藏在生命的每一个角落，让回忆，永远停在那里。

背面

林海雪原

爱好：编织（棒针编织、钩针编织）、刺绣（十字绣、苏绣、民间多种绣法）、服装裁剪制作、手工制作、家庭影视编辑、动画制作、摄影等。

P 097 ~098

正面

Pretty
古典的
V领黑色毛衣

黑色总是被用来回忆过去的往事，黑色的毛衣最适合用来储存记忆。

时尚经典★
尽显职业女性气质

胸前的灰白色花纹在整个黑色中突显出来，像是黑暗夜色中的灯光，聚焦眼球。

胸前两根同色细线，带着随意的飘逸感，随着身体的活动而摆动，增添无限活力。

别致大圆形花纹
像太阳的光芒万丈
增添衣服独特性

背面

正面

Pretty

百搭款

褐色连帽上装

褐色是永远不落伍的色彩。在落叶缤纷的季节里，带来丝丝温暖。

P099

衣服两侧特意编织的口袋，不但实用，可以温暖双手，也给衣服增添了可爱的气息。

敏敏翠翠

从小看着妈妈为自己穿针引线，记忆中，母爱总是那么令人难以忘怀。如今，有幸能够从事编织类的工作，也即将做人母的我，对于编织，更是情有独钟。"编织温暖，传递母爱"，送给亲人自己亲手编织的毛衣，他们的幸福就是我的快乐！敏敏翠翠，现居住深圳，从事编织手工工作数十年，DIY手工俱乐部管理员。

Pretty

高领款
菱纹短袖装

灰白色显得淡雅，高领彰显高贵气质，整件
衣服显得典雅大方。

P 100~102

背面

正面

古典的花边设计
配合上胸前的花纹
打破了黑色的沉闷

衣领巧妙折叠★
穿出时尚大气

高高的衣领，自然地折回下
来，在脖子边围成一圈，不但时
尚，而且也显得很大气。

一针一线，娓娓织来，
织的不光光是衣服，也是手
艺的发挥，心灵的沉静，内
心的安详，兴趣的所在！

黑色是传统的颜色，是不
会退出时代潮流的颜色。一款
黑色短袖，钩出了技术的娴
熟，钩出了女性的窈窕，也钩
出了永不落伍的风格。

Pretty

圆领款

扇纹短袖针织衫

像是那翩翩起舞的黑色蝴蝶，在花丛中
冷艳而夺目。

P103
~104

侧面

扇形图案设计
简洁大方
提升女性气质

正面

塑造精美发型★
提升可爱程度

黑色是带给人沉闷
的色彩，虽然款式的变
化会带来一些时尚的感
受，但是与衣服相连的
发型却尤为重要，梳着
小辫子的发型，可以提
升可爱指数哦~

搭配黑色元素★
带来时尚气质

灰色的毛衣很温顺地披在身上，内搭黑色的衣服，在若隐若现中体现时尚和性感。

前后都编织竖形纹，连衣袖也不漏下。还不忘记在胸前增加扣子，增添可爱。宽大的下摆使之看起来像可爱的裙子，穿上它，就像是温婉的公主一般。

胸前的扣子
质感极强
增添可爱的气息

正面

背面

Pretty

可爱款
韩版公主长衣

秋风起，在丝丝凉风中，毛衣带来舒适温暖的感觉。

P 104 ~106

P 106~108

Pretty

休闲款
连帽蝙蝠衫

款式简洁明了，视觉干净利落。

竖形图案设计
简洁大方
提升女性气质

一针一线，编织生活，编织心声，随处可见独特设计：大小花纹贯穿全衣，却不显得烦琐；两小球衬于前胸，彰显可爱；宽松下摆，让你随意挥洒生活。

可爱、自然 ★
宽松、随意

款式简单方便，衣服宽松舒适，小球突显可爱，整体优雅随意。

Pretty

两穿款
经典创意毛衣

独具特色的设计，让人耳目一新。

从上到下统一
只在胸前编织一线扭花纹
此乃神来之线
起到画龙点睛的作用

周玲燕

我的家乡太仓~郑和七下西洋起锚地，地处长江口的江南鱼米之乡，与上海为邻。小时候的毛衣都是妈妈的杰作，长大后才有机会发现这个天分，太喜欢编织了。人到中年，事业、家庭都稳定了，孩子也大了，才有时间、精力重新拾起我的毛衣针，编织着一个个梦想。

背面

正面

加入创意元素★
可有多重选择

这件衣服可以正着穿，也可以倒着穿，是不可多得的两穿毛衣哦~

收腰的设计，显得高挑；自然上扬的衣领，突显韵味；胸前扭花纹，更是这件毛衣的亮点所在。这三个元素缺一不可。本件衣服可谓创意十足。

编织技巧:

1.把两肩之宽分成3等份,中间部分不用每4行织2行,而是正常编织。其他左右两部分按照每4行织2行。这样胸口和后背穿起来更平坦。

2.腰的部分先分开编织,再缝合。这样掌握尺寸比较灵活。

P110~111

背面

正面

细致的菱形花纹
配合扭纹式花纹设计
散发浓浓的成熟感

时尚的 Pretty
成熟排扣装

深沉的颜色，给人成熟稳重的感觉。

简洁的款式，温馨的气息。因为有了这款厚重的毛衣，冬天变得更温暖，而这款毛衣的成熟风格，却让你在这个季节里变得更加稳重。

搭配超大挎包 ★
突显大气氛围

衣服本身带给人厚重、大气的感觉，不能搭配过于小巧的手提包，一个大大的挎包，能更好地提升大气的感觉。

Pretty
修身款
小巧连扣装

短小可爱的修身造型，是身材娇小女孩的首选。

温柔可人的女人，是男人们追求的梦想。想做那梦中的可人儿吗？穿上它，你就是娇小玲珑的女孩，是那么小鸟依人。

P112~115

领口略显弧形 显得圆润乖巧

正面

背面

搭配黑色元素 ★
突显时尚魅力

小巧修身的深色毛衣，搭配黑色的大挎包，显得很时尚。

V.S

喜欢编织，喜欢编织时候的那种感觉，乐在其中，编织的世界让我流连忘返。

独特的卡腰设计
衬托出腰的纤细

可爱的 Pretty
俏皮公主裙

鲜明的颜色带来活跃的气息，穿上它，
你也可以是俏皮可爱的女孩哦~

我有我的追求，我有我的味道。不是别人的温柔可人，不是别人的典雅大方，我就是我自己，我是古灵精怪的小女生哦~

正面

背面

搭配成熟感元素突显气质 ★

配上随风飘动的原装围巾，显得飘逸、自信、美丽。

Point: 温暖竖纹高领

编织技巧:

　　编织除了寻找乐趣、打发时间外，还有一个功能就是可以锻炼身体。手工编织不仅让人收获了劳动成果，也让身体得到了很好的锻炼。因为在编织过程中需要两手同时活动，这就使平时很少活动的右大脑得到了开发。

注入个性元素 ★
打造不同风格

胸前的大开口别出心裁，是本件毛衣与众不同之处。

心灵印记

从小就爱女红，十岁开始学会绣花，十一岁钩第一个小钱包，十二岁织自己的第一件衣服。从此，一发不可收拾。给自己编织美丽，给家人编织温暖，给朋友编织友谊，给别人编织爱心。编织已经深深地融入我的生活。

爱生活，爱编织。

正面

背面

每次穿上毛衣，心里便会掠过一股暖流，逝去的岁月如潮水般涌来……当初编织这件衣服，是如何地用心，一针一线地表达自己的心意啊！

Pretty
紫色系
高贵魅力装

紫色是象征着高贵的颜色，穿上它，自会生成一股贵妇气息。

P117

Pretty

扭花纹
双排扣长装

双扣连排，更显气魄。

P118

衣服微微敞开的下摆
显得很飘逸
也起到了收腰的作用

正面

背面

衣着巧搭配
体现优雅气质 ★

大大的厚重的毛衣体现出衣服大气的一面，下面搭配紧身的裤子和高跟鞋，整体显得优雅大方。

装点秋天的毛衣，总是这么符合人们的需要，虽然时间不长它就走进了衣柜，可是人们依然会经常想起它，想起编织这件衣服的人给自己的温暖与慰藉。

编织大气图案 ★
突显气质

整件衣服前后各编织一朵大花朵，使宽松的衣服显得大气磅礴。

背面

镂空的大花纹显得衣服高雅颇具时尚感

正

P 119~120

Pretty
宽松款
圆领花纹衫

那随意挥动的惬意感，是宽松版毛衣的优越之处。

陆 希

江苏吴江的我喜欢编织，崇尚简约风格。爱上编织已经很长时间了，编织让我的生活充满了激情、充满了乐趣。沉浸在编织的世界里，我感到很快乐。

一针一线见真情，在一针一线中织进了对亲人朋友绵绵无尽的关爱与呵护，那经纬交织而成的毛衣中，蕴藏了对亲人们深厚的情感。

时尚的钩花小披肩

【成品规格】披肩长84cm，宽30cm

【工　　具】7号棒针

【材　　料】深灰色羊毛线300g

【编织密度】13针×22行=10cm²

披肩制作说明：

1. 披肩为横向编织，起39针，织1行下针、1行上针，再1行下针、1行上针，然后开始按图示方法织花样，共织11个花样，即176针。从181针开始织1行下针、1行上针，再1行下针、1行上针。收针断线。详细图解见图1。

2. 装饰花钩针编织，编织方法如图2所示。

3. 装饰花钩编完成后，用针或钩针缝在披肩的适当位置。

符号说明：

□=回	上针	⌒	锁针
回	下针	†	短针
交叉符号	2针相交叉，左2针在上	长针符号	长针
交叉符号	左上2针与右下1针交叉		
交叉符号	右上2针与左下1针交叉		

图2装饰花花样图解

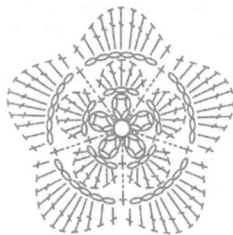

披肩

(7号棒针)
图1图解

84cm
(184行)

30cm
(39针)

向上织

图1披肩花样图解

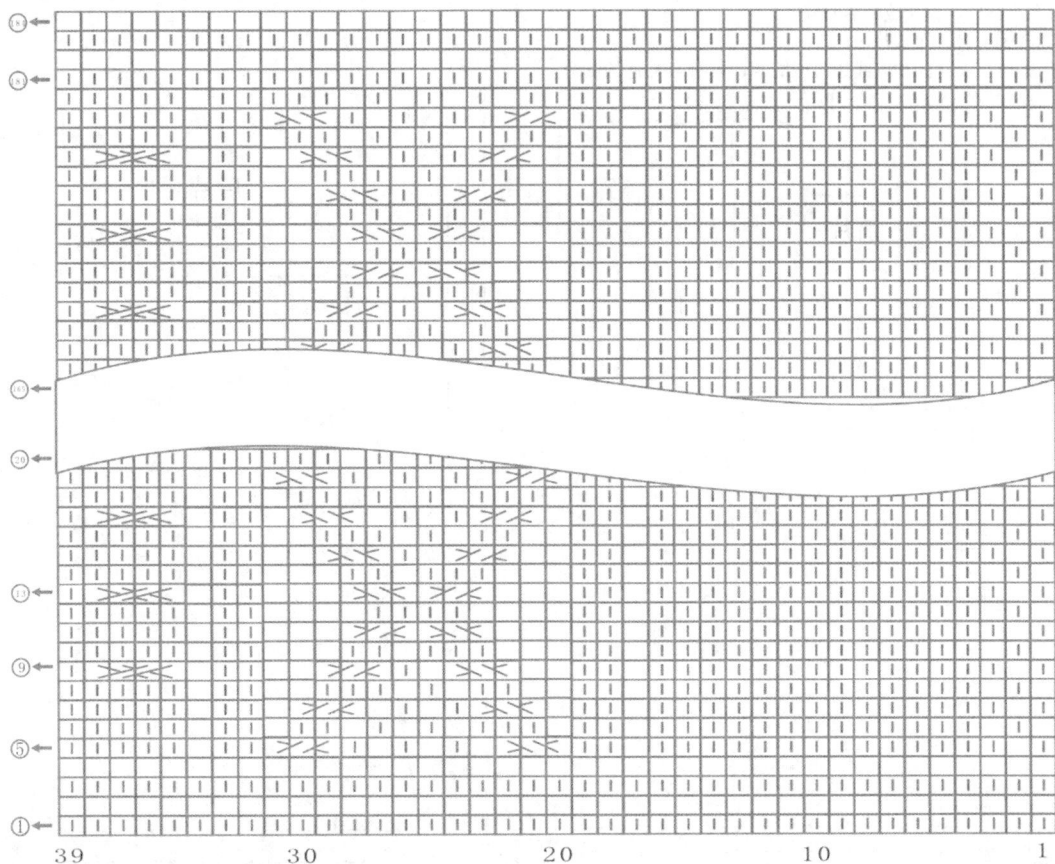

39　　　　30　　　　20　　　　10　　　1

塑身的圆领中袖长装

【成品规格】衣长90cm，胸围86cm，袖长42cm，肩宽38cm
【工　　具】7号棒针
【材　　料】黄色羊毛线1000g，咖啡色羊毛线50g
【编织密度】22针×28行=10cm²

符号说明：

□=曰　上针
冂　　下针
2-1-3　行-针-次

后片制作说明：
1.后片为1片编织，从衣摆起织，往上编织至肩部。
2.大衣先编织后片，起142针编织1行下针、1行上针，循环编织8行，再织4行下针，再按图解2编织花样，从第17开始衣摆两侧收针，方法顺序为16-1-11，共编织47cm后，即176行，不加减针往上共编织8个单元花形后，全部编织上针，织72.5cm高后，开始袖窿减针，方法顺序为1-6-1，2-3-1，2-2-2，2-1-5，后片的袖窿减少针数为18针。减针后，不加减针往上编织17.5cm的高度后，从织片的中间留60针不织，可以收针，亦可以留作编织衣领连接，可用防别别针锁住，两侧各下的针数，衣领侧减针，方法为1-18-1，2-2-4，2-1-3，最后两侧的针数余下12针，收针断线。

前片制作说明：
1.前片为1片编织，编织方法与后片相同。编织到81cm时，开始衣领侧减针，方法顺序为1-10-1，2-6-1，2-2-4，2-1-6。
2.前片完成后，将前片的侧缝与后片的侧缝对应缝合，再将两肩部对应缝合。
3.衣身缝合后，挑织衣领，挑出来的针数要比衣领原边的针数稍多些，然后按照图4的花样分布，起织，共编织8行后，收针断线。

衣袖片制作说明：
1.2片衣袖片，分别单独编织。
2.从袖口起织，起62针编织图3花样，不加减针织8行后，两侧同时加针编织，加针方法为8-1-11，加至89针，编织花样见图解3。
3.袖山的编织：从第1行起要减针编织，两侧同时减针，减针方法如图，依次1-6-1，2-2-12，2-3-1，最后余下18针，直接收针后断线。
4.同样的方法再编织另一衣袖片。
5.将两袖片的袖山与衣身的袖窿线边对应缝合，再缝合袖片的侧缝。

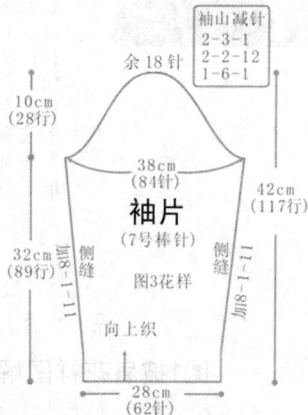

袖山减针
2-3-1
2-2-12
1-6-1

余18针

10cm
(28行)

38cm
(84针)

42cm
(117行)

袖片
(7号棒针)
图3花样

32cm
(89行)

侧缝　加8-1-11　侧缝

向上织

28cm
(62针)

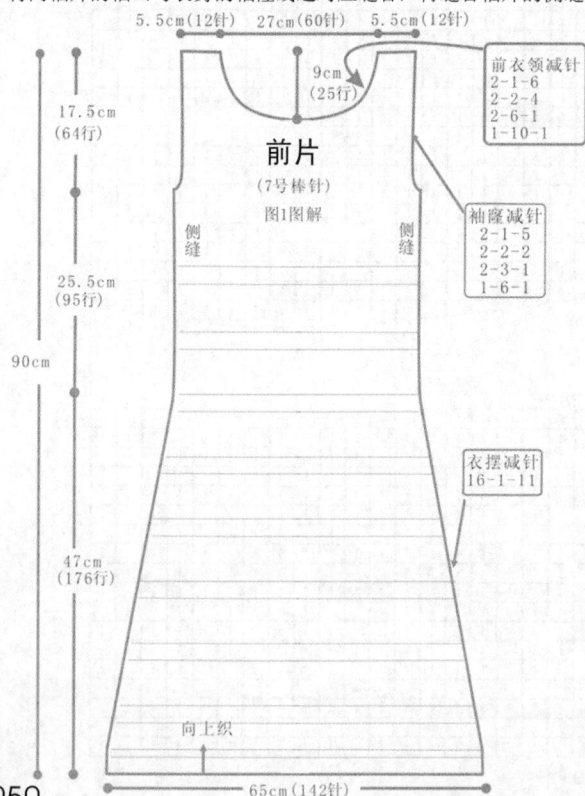

5.5cm(12针)　27cm(60针)　5.5cm(12针)

17.5cm
(64行)

9cm
(25行)

前衣领减针
2-1-6
2-2-4
2-6-1
1-10-1

前片
(7号棒针)
图1图解

袖窿减针
2-1-5
2-2-2
2-3-1
1-6-1

侧缝　侧缝

25.5cm
(95行)

90cm

47cm
(176行)

衣摆减针
16-1-11

向上织

65cm(142针)

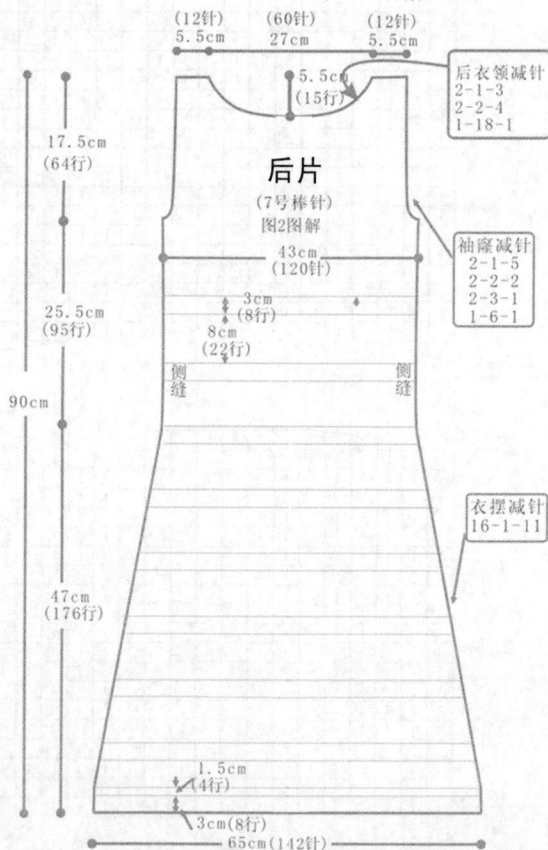

(12针)　(60针)　(12针)
5.5cm　27cm　5.5cm

17.5cm
(64行)

5.5cm
(15行)

后衣领减针
2-1-3
2-2-4
1-18-1

后片
(7号棒针)
图2图解

43cm
(120针)

袖窿减针
2-1-5
2-2-2
2-3-1
1-6-1

3cm
(8行)

8cm
(22行)

侧缝　侧缝

25.5cm
(95行)

90cm

47cm
(176行)

衣摆减针
16-1-11

1.5cm
(4行)

3cm(8行)

65cm(142针)

图2后片花样图解

共28行，全部编织上针

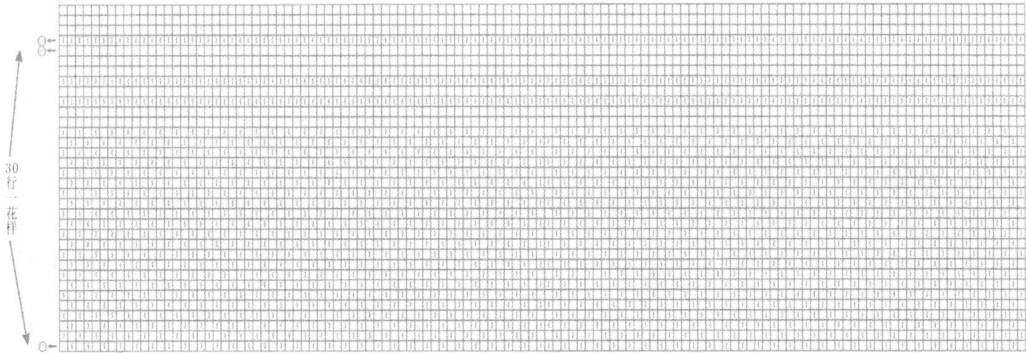

30行一花样

共180行，6个花样，两侧减针方法：16-1-11

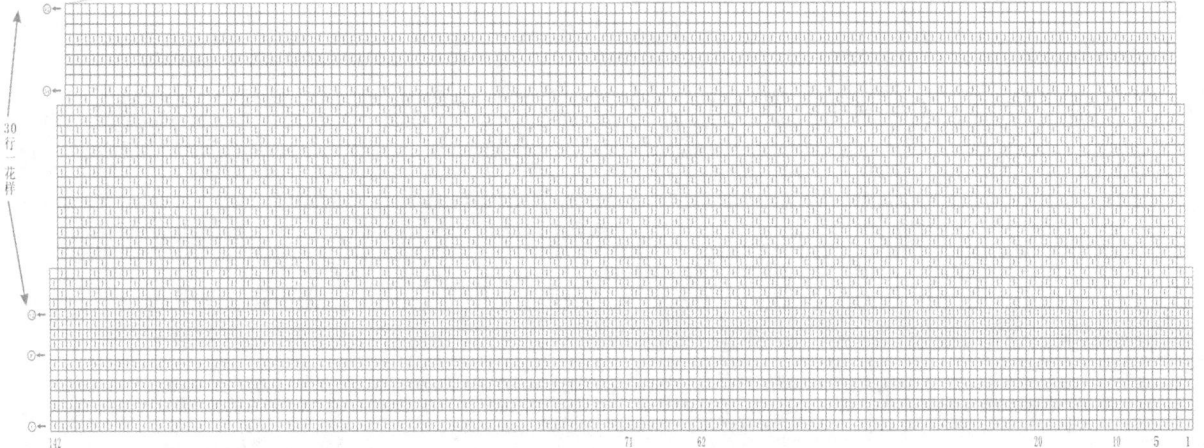

30行一花样

142　　　　　　　71　62　　　　　20　10　5　1

图1前片花样图解

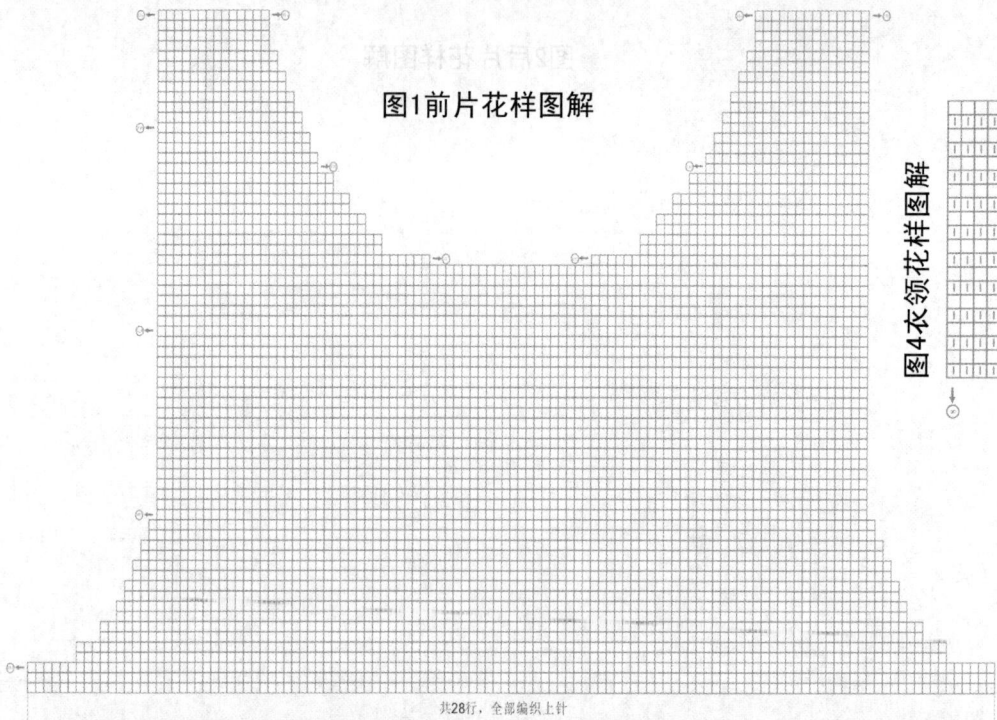

图4衣领花样图解

共28行，全部编织上针

30行一花样

共180行，6个花样，两侧减针方法：16-1-11

30行一花样

图3衣袖花样图解

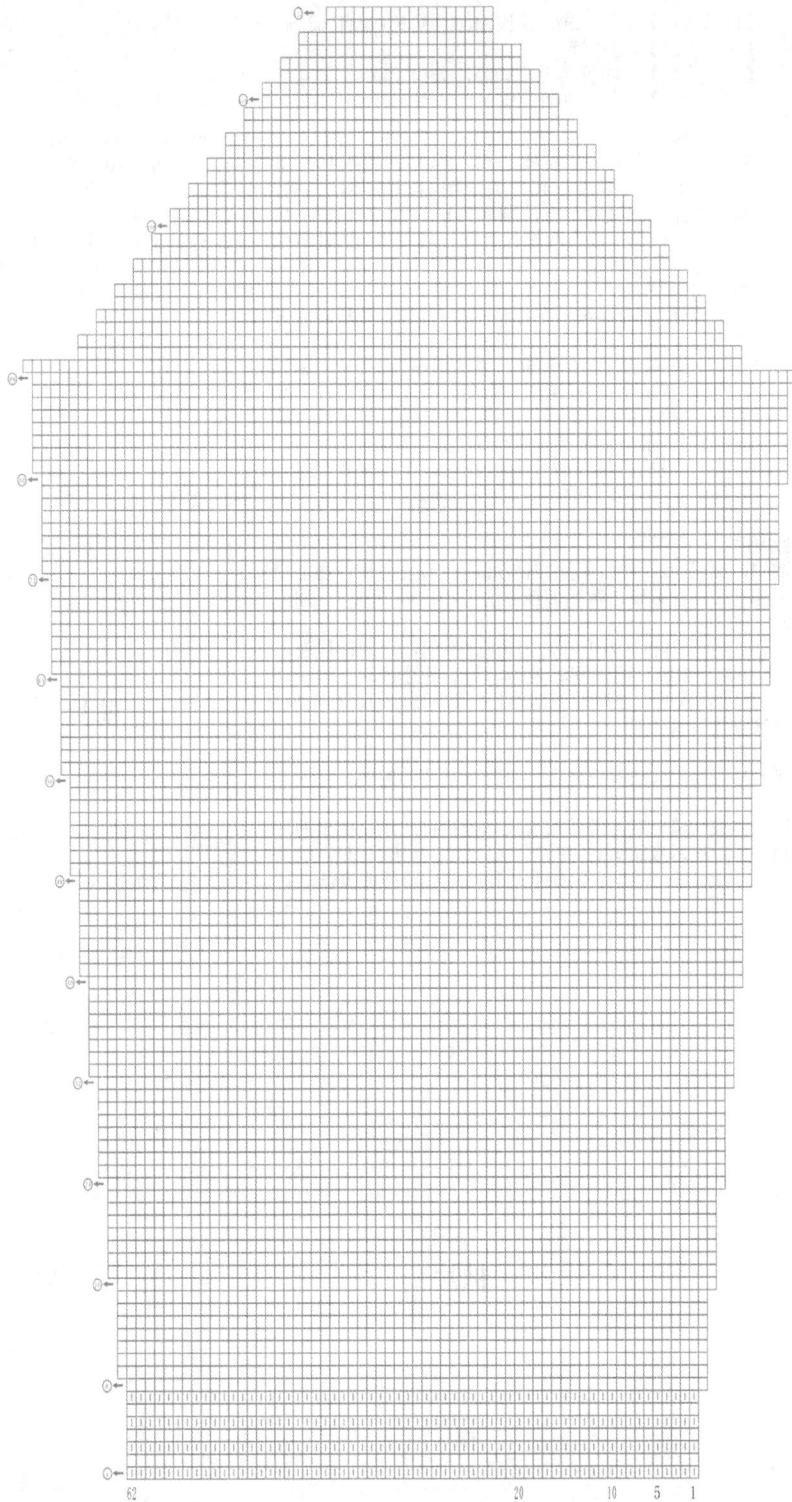

62   20   10   5   1

沉稳的扭花纹上装

【成品规格】衣长63cm，胸围84cm，袖长(含肩)63cm
【工　具】7号棒针
【材　料】咖啡色羊毛线600g，大扣子5颗
【编织密度】16针×20行=10cm²

后片制作说明：
后片为1片编织，从衣摆起织，起66针编织40行下针，然后，从第41行起，编织图2花样，编织48行后，开始袖窿减针，方法顺序为1-2-2，2-1-17，后片的袖窿减少针数为两边各21针。最后两侧的针数余下24针，收针断线。

前片制作说明：
1. 前片分为2片编织，左片和右片各1片，花样对方向相反。
2. 左前片起21针，全部织下针，同时从右边开始加针，方法顺序为2-1-8，编织16行共加8针。再往上织24行下针，再按图1花样编织48行后，开始袖窿减针，减针方法顺序为1-2-2，2-1-15，共减掉19针，织至高度时，开始前衣领减针，减针方法顺序为1-2-2，2-1-4，4-1-1，最后余下2针。收针断线。
3. 同样的方法再编织另一前片，完成后，将两前片的侧缝与后片的侧缝对应缝合。

衣袖片制作说明：
1. 2片衣袖片，分别单独编织。
2. 从袖口起织，起20针圈织，编织图3花样，不加减针织20行后，选择2针作上记号，作为加针中心位，两侧同时加针编织，两侧加针方法为2-1-1，9-1-7，加至88行，编织花样见图解3。
3. 袖山的编织：以上面作了记号的中心位为中心，留出6针不织，用别针拴起，掉头编织片状，从第1行起要减针编织，两侧同时减针，与后片连接的一边减针方法为1-2-2，2-1-17，与前片连接的一边减针方法为1-2-2，2-1-15，2-7-1，2-4-1，最后余下3针，直接收针后断线。
4. 同样的方法再编织另一衣袖片。
5. 将两袖片的袖山与衣身的插肩袖窿线边对应缝合，再缝合袖片的侧缝。

衣领及衣边制作说明：
1. 衣服前后片及左右袖编织完成并缝合后，沿着前片衣襟处挑针起织，挑出的针数，要比衣襟边的针数稍多些，然后按照图4的花样分布起织。从第2行起，织到衣摆切角处加1针，即第2行共加4针，第3行不加针，第4行按第2行的方法加针

编织，起织3针后留纽扣孔，方法为收1针，加1针，再每隔10cm留1个纽扣孔，共5个纽扣孔，再按第2、第3行的方法编织，如此类织，共编织16行后，收针断线。
2. 沿着衣领口处挑针起织，挑出的针数，要比衣领沿边的针数稍多些，然后按照图4的花样分布起织，共编织16行后，收针断线。

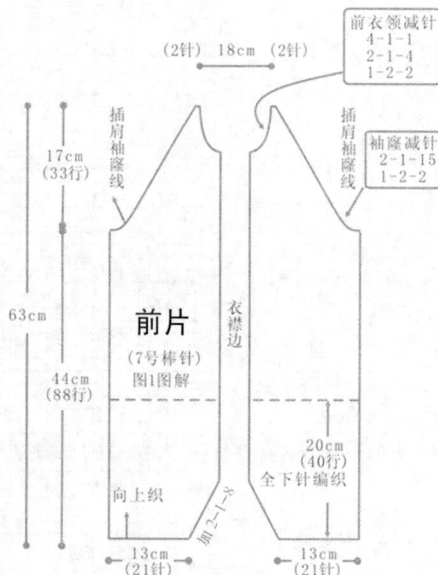

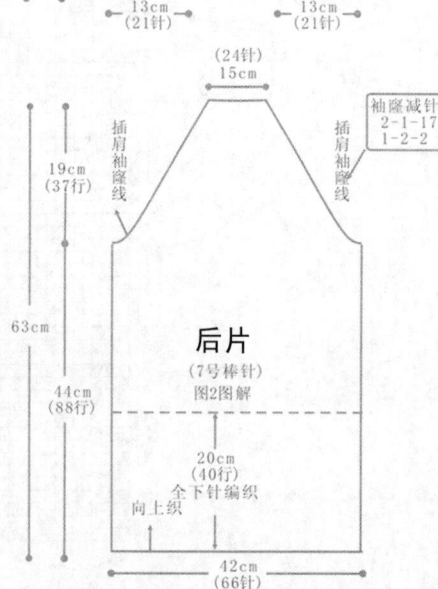

符号说明：

□	上针
□=①	下针
	2针相交叉，左2针在上
	2针相交叉，右2针在上
	3针相交叉，左3针在上
	3针相交叉，右3针在上
2-1-3	行-针-次
	右加针
	上针右加针
	左加针
	上针左加针

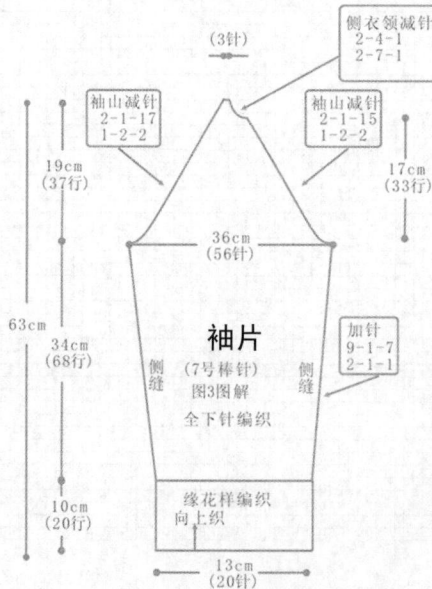

前片 (7号棒针) 图1图解

(2针) 18cm (2针)
前衣领减针 4-1-1 2-1-4 1-2-2
插肩袖窿线
插肩袖窿减针 1-2-15 1-2-2
17cm (33行)
63cm
44cm (88行)
衣襟边
向上织
加2-1-8
13cm (21针)
13cm (21针)
20cm (40行) 全下针编织

袖片 (7号棒针) 图3图解 全下针编织

(3针)
侧衣领减针 2-4-1 2-7-1
袖山减针 2-1-15 1-2-2
袖山减针 2-1-1 1-2-2
19cm (37行)
17cm (33行)
36cm (56针)
63cm
34cm (68行)
侧缝
侧缝
加针 9-1-7 2-1-1
10cm (20行)
缘花样编织 向上织
13cm (20针)

后片 (7号棒针) 图2图解 全下针编织

(24针) 15cm
插肩袖窿线
袖窿减针 2-1-17 1-2-2
19cm (37行)
63cm
44cm (88行)
20cm (40行) 全下针编织
向上织
42cm (66针)

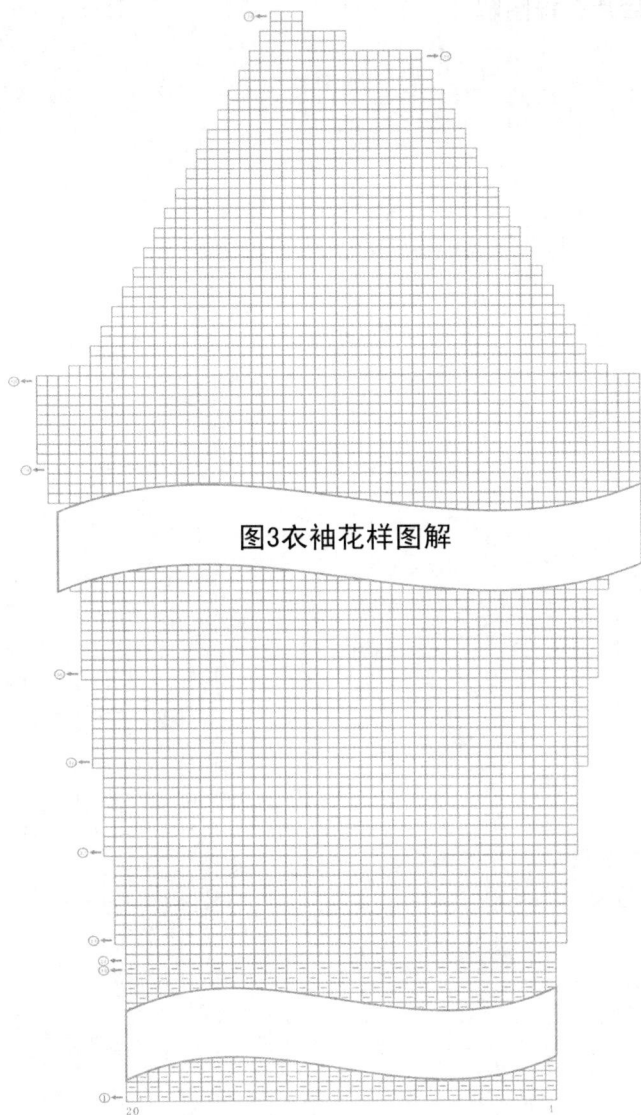

图1前片花样图解

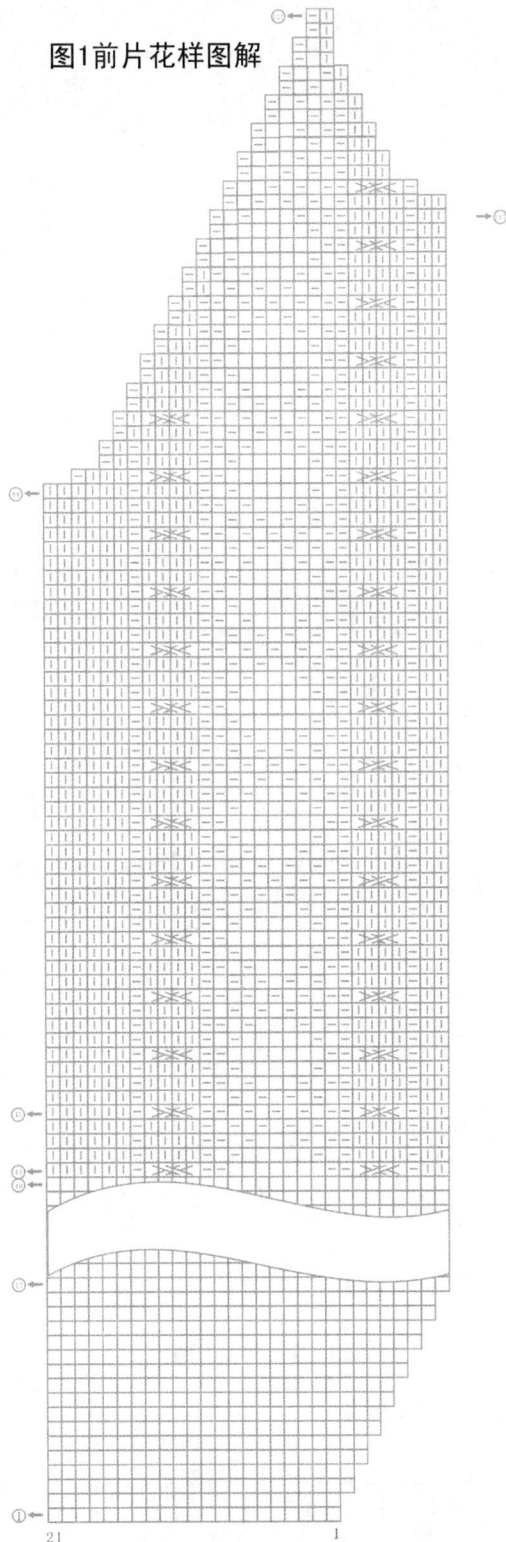

图3衣袖花样图解

图4衣领及衣边花样图解

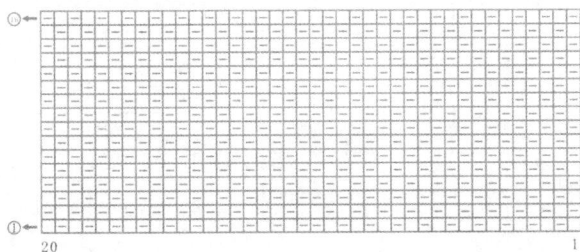

20   1

21   1

20   1

图2后片花样图解

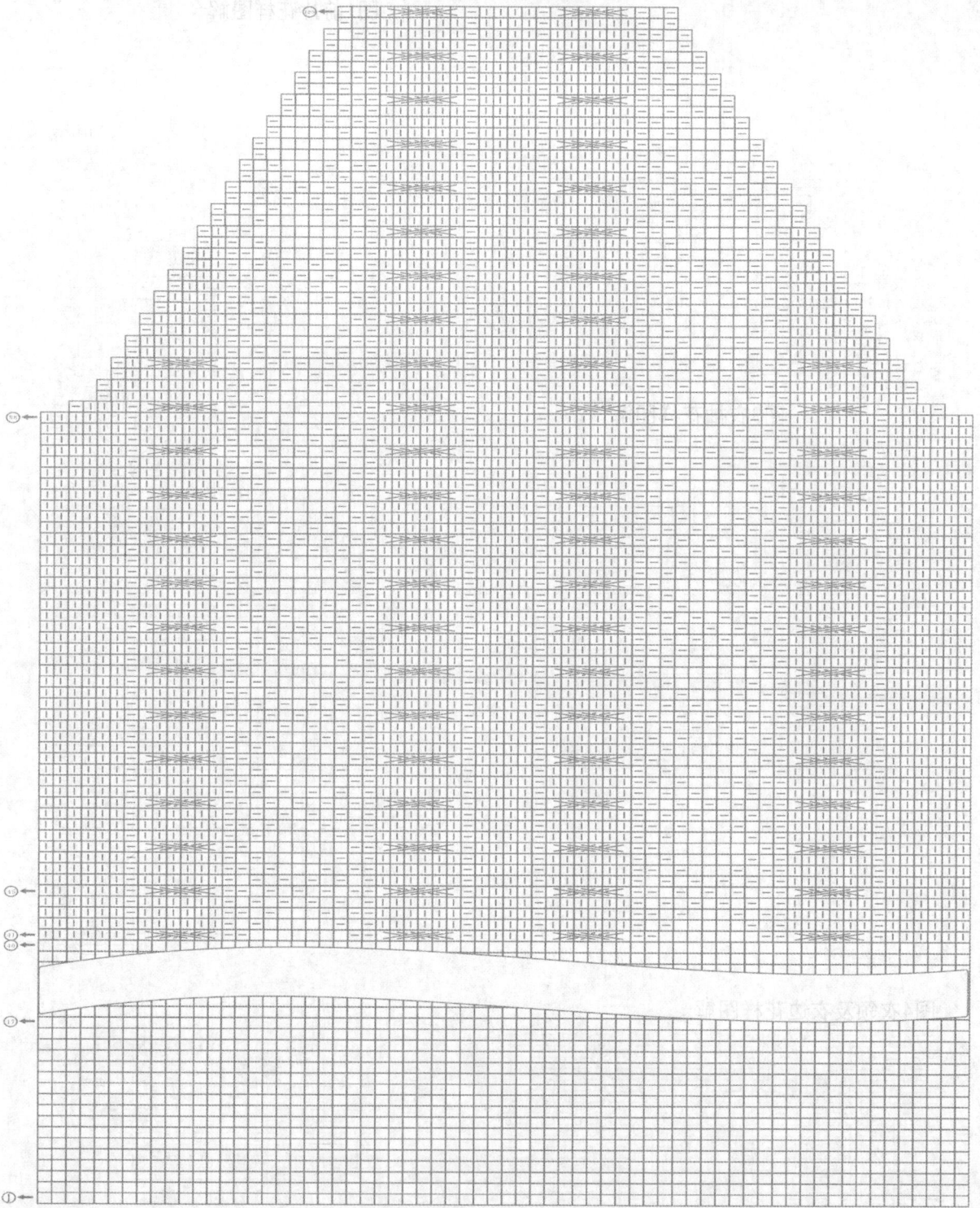

056

气质款连帽拉链长衣

【成品规格】 衣长70cm，胸围92cm，插肩袖长66cm
【工　　具】 7号棒针
【材　　料】 深灰色羊毛线1200g，拉链1条
【编织密度】 21针×26.6行=10cm²

后片制作说明：
1. 后片为1片编织，从衣摆起织，往上编织至后衣领处。
2. 大衣先编织后片，起96针编织双罗纹针，编织方法是起96针后，编织2针下针，2针上针交替编织，织24行。从第25行起，开始编织棒绞花样，花样的分布详解见图解2，共织48cm高后，开始插肩减针，方法顺序为1-4-1，2-1-22，编织至22.5cm的高度后，剩下28针，收针断线。

前片制作说明：
1. 前片分为2片编织，左片和右片各1片，花样对应方向相反。
2. 起织与后片相同，左右片起47针后，双罗纹编织与后片相同，织24行。从第25行起开始编织棒绞花样，花样的分布详解见图解1。织至19.5cm时，开始编织口袋，编织方法是：从前片的第13针起，另起线挑中间的27针全部织下针，往上织21行，再织4行如图1花样，留线待用。再将前片往上织21行，第22行中间的27针（袋口对应位置）编织双罗纹针，编织4行后，将双罗纹针收针作为袋口，再将前片的第12针与挑织的第1针并针织上针，同样总共编织48cm高后开始插肩减针，方法顺序为1-4-1，2-1-21，编织至19cm的高度后，开始前衣领减针，减针方法顺序为1-6-1，1-3-1，2-2-1，2-1-1，共6行。详细编织图解见图1。最后余下2针，收针断线。
3. 同样的方法再编织另一前片，完成后，将两前片的侧缝与后片的侧缝对应缝合。再将后片的两插肩线与两衣袖片的长一点的插肩线对应缝合，前片的两插肩线与两衣袖片的短一点的插肩线对应缝合。最后在两侧衣襟边缝上拉链。

衣袖片制作说明：
1. 2片衣袖片，分别单独编织。
2. 从袖口起织，起48针双罗纹，不加减针织24行后，两侧同时各加2针，编织6行，后续加针方法为6-1-10，加至90行，编织花样见图解3。
3. 插肩袖的编织：从第1行起要减针编织，两侧同时减针，后插肩减针方法如图依次1-4-1，2-1-22，前插肩的减针方法如图依次1-4-1，2-1-21，1-11-1，1-5-1，留出侧衣领口，最后余下5针，直接收针后断线。
4. 同样的方法再编织另一衣袖片。
5. 缝合袖片的侧缝。

帽子制作说明：
1. 1片编织完成。衣领是在前后片及衣袖缝合好后起编的。
2. 沿着衣领边挑针起织，花样分布详解见图4，挑90针，然后以中心为界两边挑加针，方法2-1-2，4-1-2，一边加4针，共计98针，向上织至22cm左右，即45行，开始收针。仍然以中心为界两边对称收针，方法为1-1-1，2-1-2，1-1-3，2-3-3，一边收15针，一共收了30针，再缝合帽子顶部。
3. 扎好小球，将小球缝制于帽子顶部。

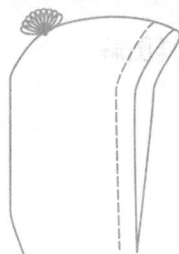

符号说明：

□	上针
□=□	下针
	右上2针与左下1针交叉
	左上2针与右下1针交叉
	2针相交叉，右2针在上
	2针相交叉，左2针在上

2-1-3 行-针-次

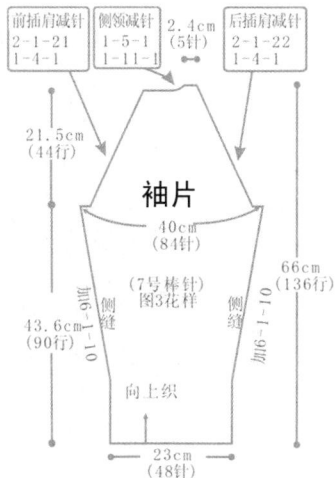

前插肩减针 2-1-21 1-4-1 ｜ 侧领减针 1-5-1 1-11-1 ｜ 2.4cm (5针) ｜ 后插肩减针 2-1-22 1-4-1

21.5cm (44行)

袖片

40cm (84针)

(7号棒针) 图3花样

66cm (136行)

43.6cm (90行)

加6-1-10　侧缝　侧缝　加6-1-10

向上织

23cm (48针)

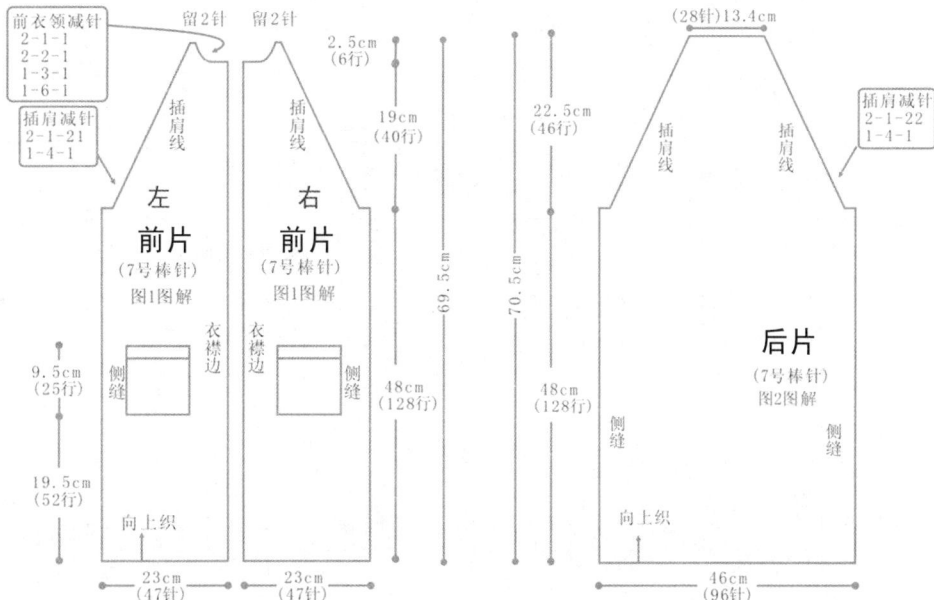

前衣领减针 2-1-1 2-2-1 1-3-1 1-6-1

插肩减针 2-1-21 1-4-1

留2针　留2针

2.5cm (6行)

19cm (40行)

插肩线　插肩线

左 前片 (7号棒针) 图1图解

右 前片 (7号棒针) 图1图解

衣襟边　衣襟边

侧缝　侧缝

9.5cm (25行)

19.5cm (52行)

向上织

23cm (47针)　23cm (47针)

48cm (128行)

69.3cm

(28针)13.4cm

22.5cm (46行)

插肩线　插肩线

插肩减针 2-1-22 1-4-1

70.5cm

后片 (7号棒针) 图2图解

侧缝　侧缝

48cm (128行)

46cm (96针)

向上织

图2后片花样图解

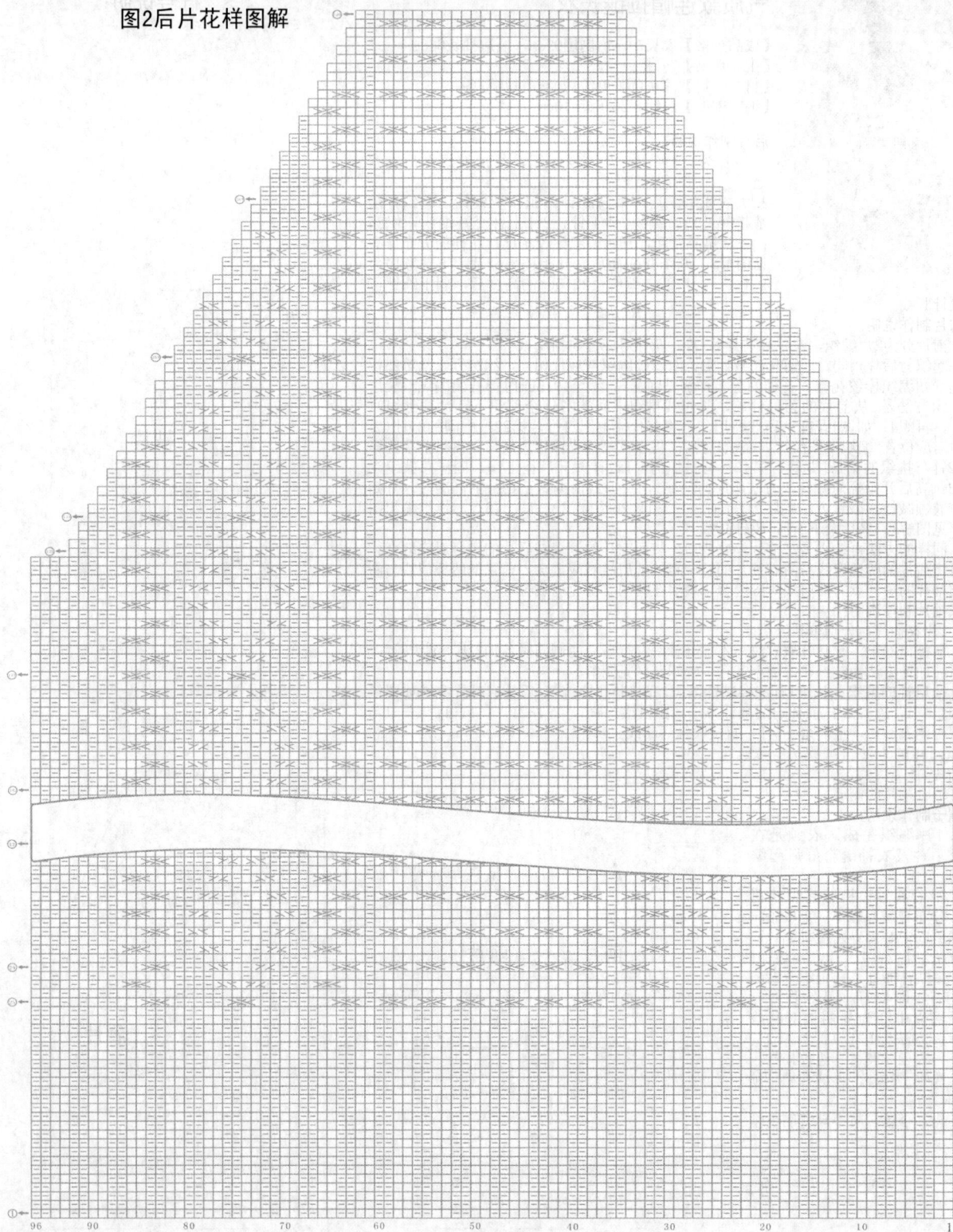

96   90   80   70   60   50   40   30   20   10   1

058

图3衣袖花样图解

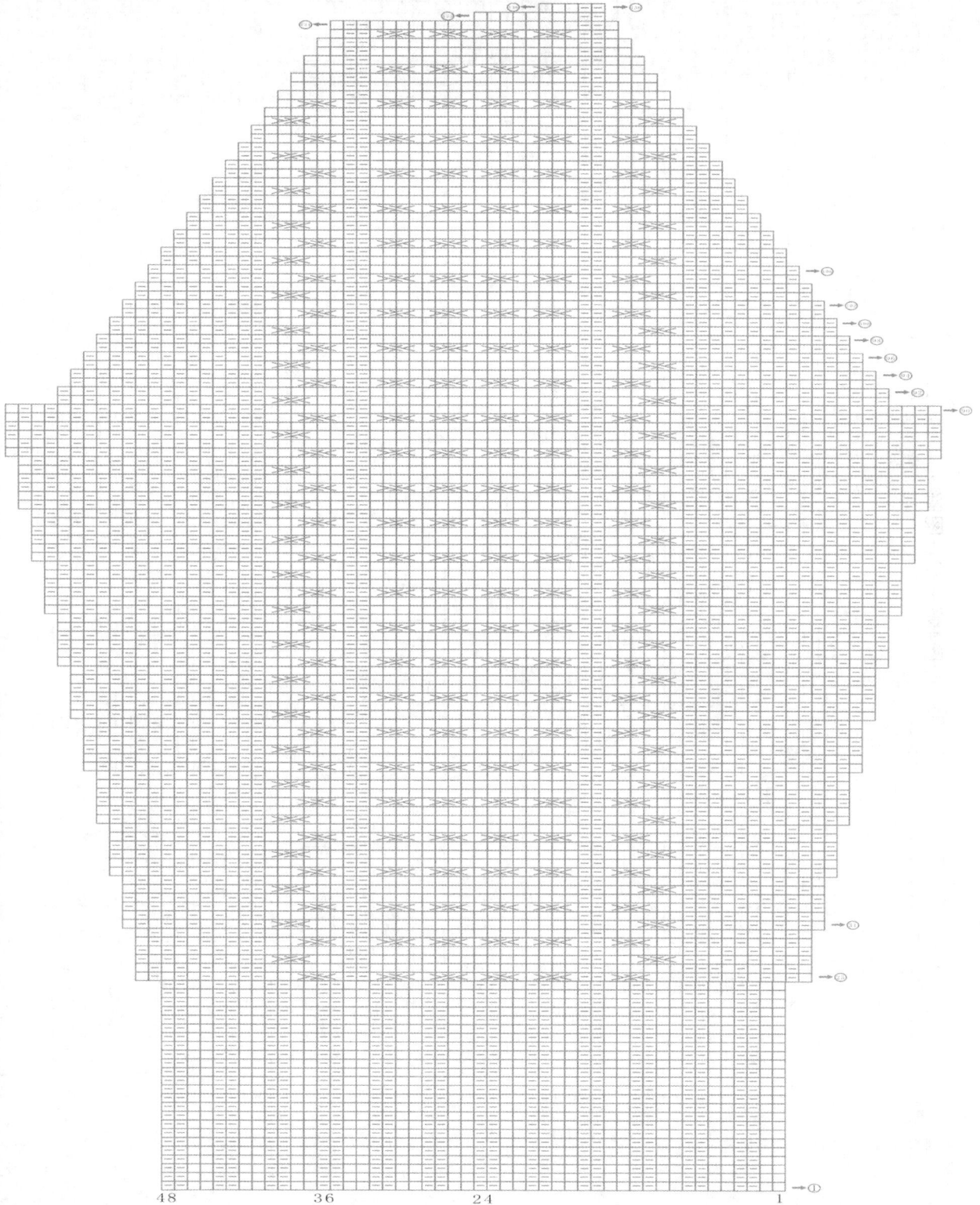

48　　　　36　　　　24　　　　1

059

图4帽子花样图解

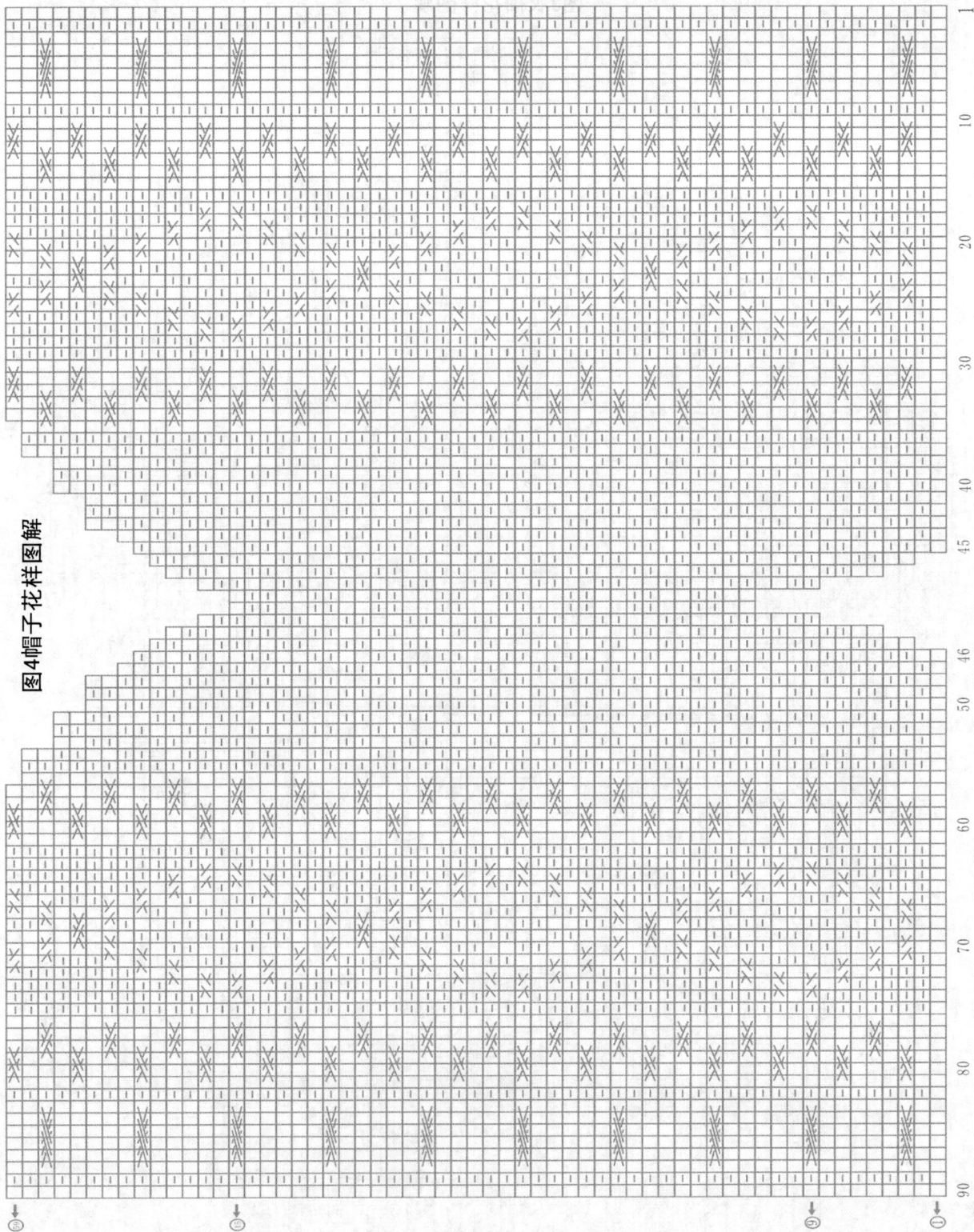

图1前片花样图解

口袋

清新款大开领上衣

【成品规格】衣长68cm,
胸围92cm,袖长58.5cm,
肩宽34cm
【工　　具】7号棒针
【材　　料】绿色羊毛线
600g
【编织密度】14.5针×18
行=10cm²

衣身片制作说明:
1. 前后片为1片编织,
从衣领织起,往下编织
至衣摆。

2. 起54针按图1花样图解加针编织,从第13行起,
开始织左前片,先织1针,加1针,再按图示花
样,共织9针回头,如图1左片花样图解加针编
织,织到第32行时,开始袖窿加针,方法顺序为
2-3-1,2-2-2,2-1-1,4-1-2,左前片最后针数
为23针,共织47行,留线头待用。在左前片回织
的地方,留8针为作袖窿,另起一线织右片,织46
针,如图1花样图解编织,两边袖窿加针的方法顺
序与左前片相同,再起一线,同样留8针作袖窿,
织好右前片。将3片结合起来一起编织,织到第86
行时,两边开始减针,减针的方法顺序为4-2-8,
2-1-7,如图1花样图解。最后余下66针,收针断
线。

衣袖片制作说明:
1. 2片衣袖片,分别单独编织。
2. 从袖山起织,挑织8针全下针编织,如图2花样
图解,从第1行起要加针编织,两侧同时加针,
加针方法顺序为1-2-4,2-2-7,2-3-1,共加至58
针,将袖片首尾2针结合圈织,在结合处减针,减
针方法为6-1-11,注意右侧减针要用拨收。共织
86行,最后余下38针,再减2针后双罗纹编织袖
边,织16圈后收针断线。
3. 同样的方法再编织另一衣袖片。
4. 将两袖片的袖山与衣身的袖窿线边对应缝合。

衣领及衣边制作说明:
1. 1片编织完成。衣领是在前后片缝合好后的前提
下起编的。
2. 沿着衣边挑针起织,从后片中间起针,挑出的
针数,要比衣领沿边的针数稍多些,然后按照图3
的花样分布起织,共编织64行后,收针断线。

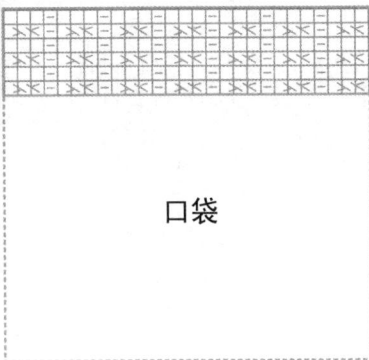

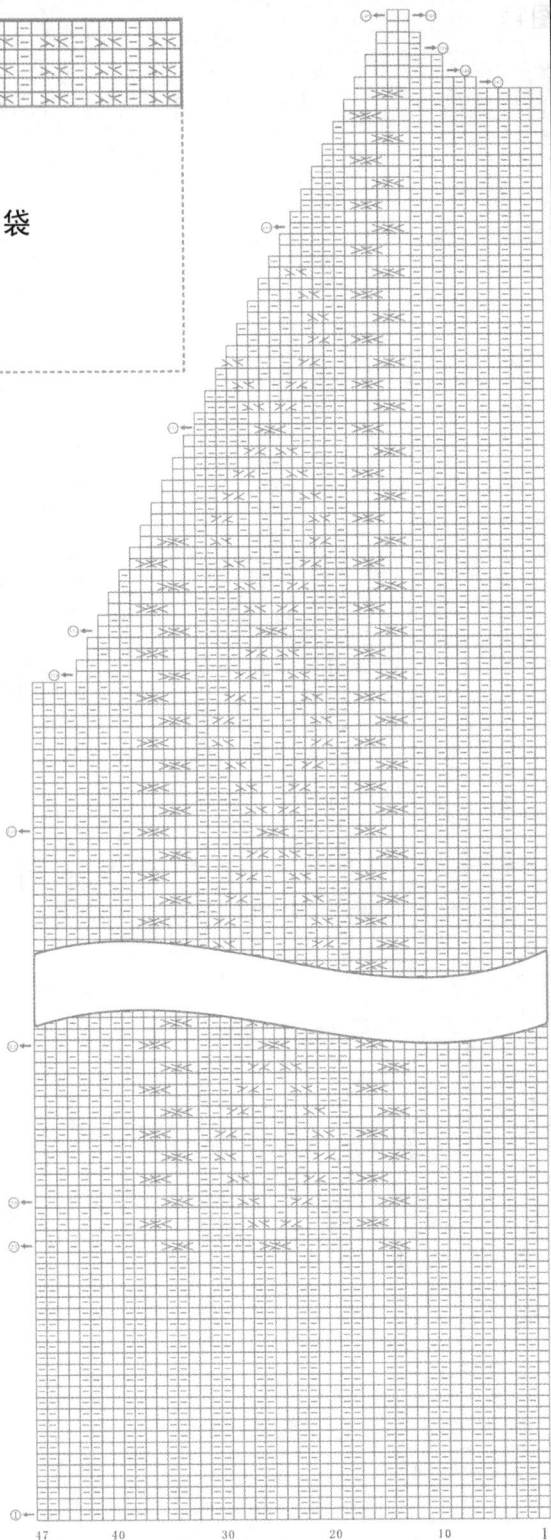

47　　40　　　30　　　20　　　10　　　1

图2衣袖花样图解

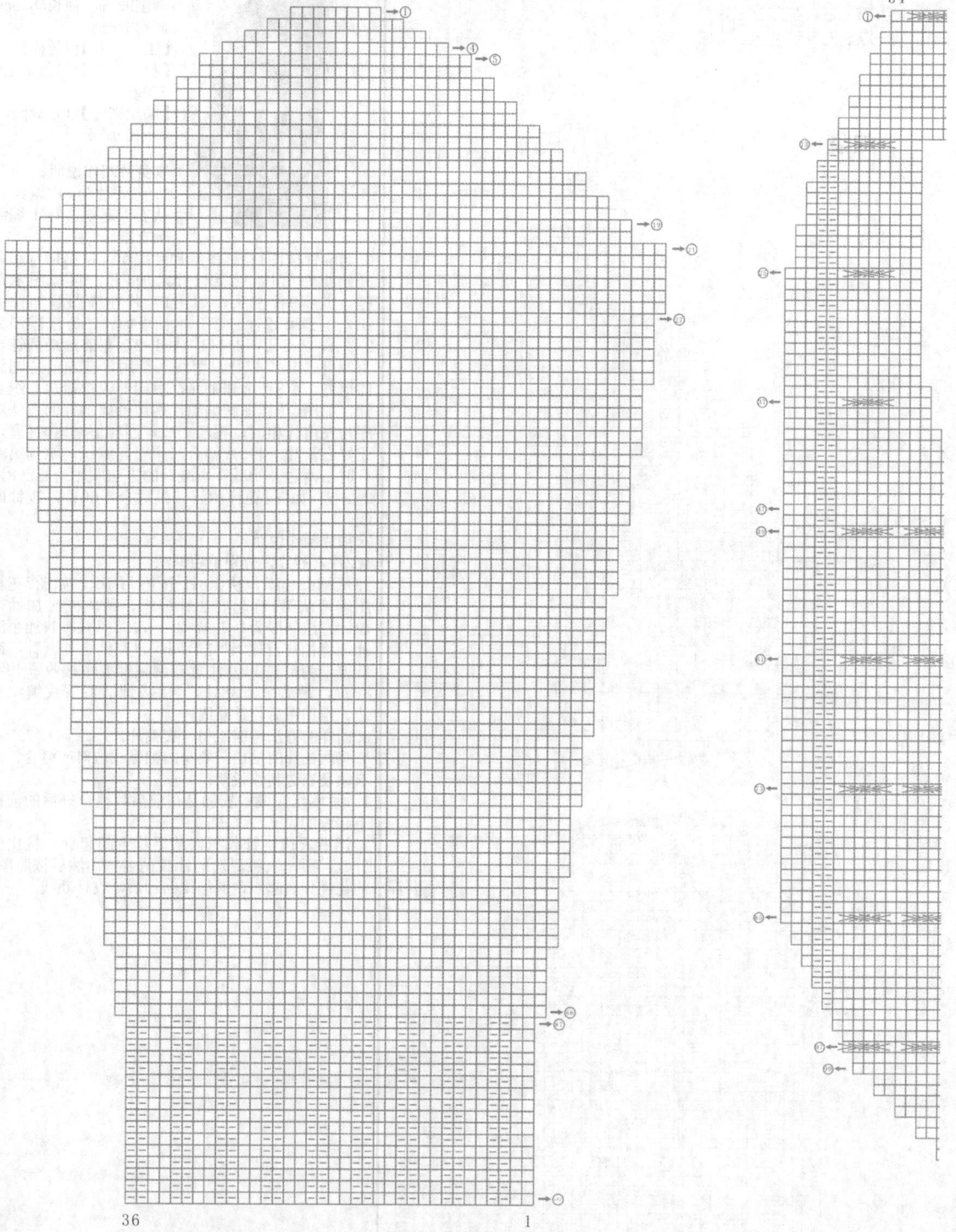

54

36   1

062

图1衣片花样图解

48   47   34   33   22   21   8   7   1

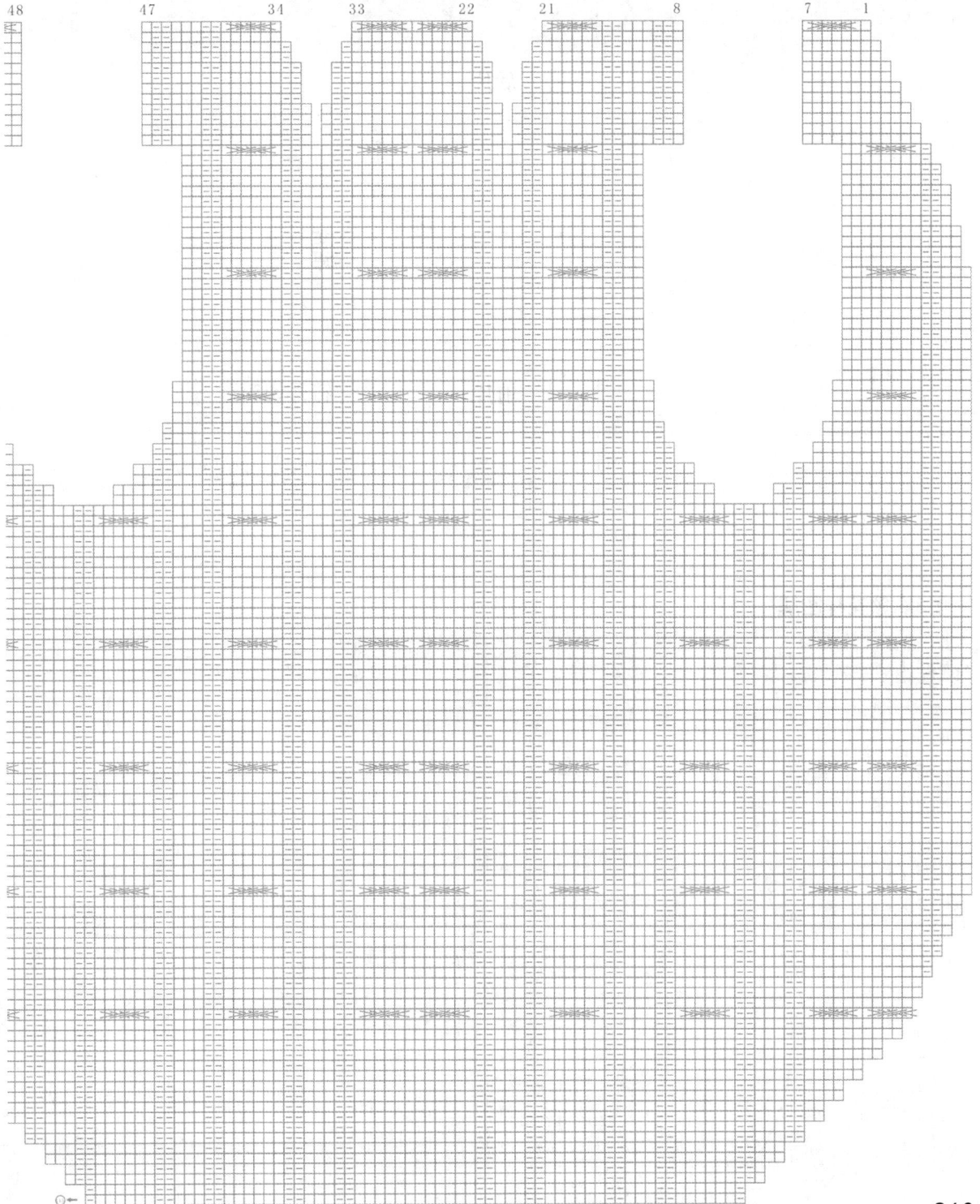

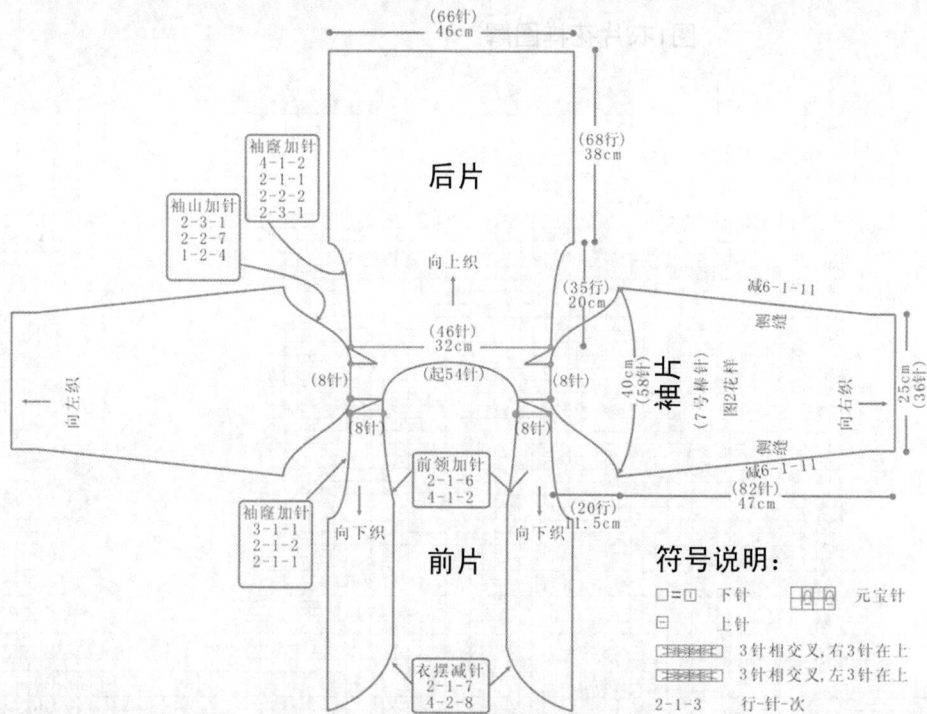

(66针)
46cm

后片

(68行)
38cm

袖座加针
4-1-2
2-1-1
2-2-2
2-3-1

袖山加针
2-3-1
2-2-7
1-2-4

向上织

(35行)
20cm

减6-1-11

侧缝

40cm
(58针)

袖片

(7号样针)
图2花样

侧缝

25cm
(36针)

向右织

向左织

(46针)
32cm

(8针)

(起54针)

(8针)

(8针)

(8针)

减6-1-11

(82针)
47cm

前领加针
2-1-6
4-1-2

向下织

向下织

前片

(20行)
11.5cm

袖座加针
3-1-1
2-1-2
2-1-1

符号说明：

□=□ 下针   元宝针

□ 上针

3针相交叉,右3针在上

3针相交叉,左3针在上

2-1-3   行-针-次

衣摆减针
2-1-7
4-2-8

图3衣领花样图解

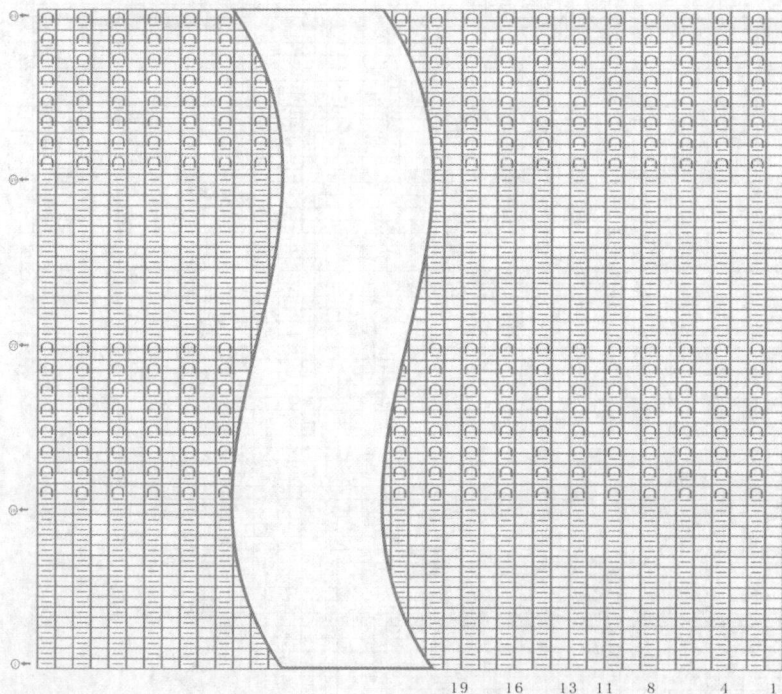

图3

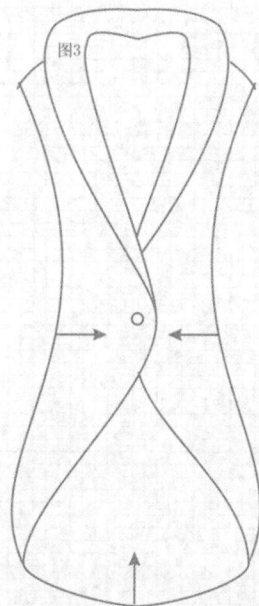

19 16 13 11 8   4 1

时尚款素雅佳人装

符号说明：

【成品规格】衣长71cm，胸围92cm，袖长53cm，肩宽36cm
【工　　具】7号棒针
【材　　料】驼色羊毛线1000g，大扣子8颗
【编织密度】21针×25.5行=10cm²

后片制作说明：

1. 后片为1片编织，从衣摆起织，往上编织至肩部。

2. 大衣先编织后片，起96针编织下针，衣摆有个内藏衣摆，编织方法是起96针，编织8行下针，从起针处挑针并针编织，将衣摆变成双层衣摆。从第9行起，开始编织花样，每2针为一花样，再加2针上针间隔，花样的分布详解见图解2。织48cm高后，开始袖窿减针，方法顺序为1-4-1，2-3-1，2-2-1，2-1-1，后片的袖窿减少针数为10针。减针后，不加减针往上编织至20.6cm的高度后，从织片的中间留28针不织，收针，两侧余下的针数，衣领侧减针，方法为2-2-1，2-1-1，最后两侧的针数余下21针，收针断线。

前片制作说明：

1. 前片分为2片编织，左片和右片各1片，花样对应方向相反。

2. 起织与后片相同，前片起53针后，先编织8行下针后，与起针处同样合并编织，将衣摆变成双层。然后继续往上编织衣身，花样与后片相同，详细图解见图解1。织至15cm时，开始编织口袋，编织方法是：从前片的第5针起，另起线挑织中间的43针全部织下针，往上织40行再织4行如图1花样，留线待用。再将前片往上织40行，第41行中间的41针编织双罗纹针，编织4行后，将双罗纹针收针作为袋口，再将前片的第6针与挑织的第1针并针，第48针与挑织的最后1针并针后往上织，同样总共编织48cm后，开始袖窿减针，减针方法顺序为1-4-1，2-3-1，2-2-1，2-1-1，将针数减少10针。织至18cm高度时，开始前衣领减针，减针方法顺序为1-17-1，3-1-1，2-2-1，2-1-1，最后余下21针，织至71cm，共195行。详细编织图解见图解1。

3. 同样的方法再编织另一前片，完成后，将两前片的侧缝与后片的侧缝对应缝合，再将两肩部对应缝合。最后在一侧前片钉上扣子。不钉扣子的一侧，要制作相应数目的扣眼，扣眼的编织方法为，在当行收起数针，在下1行重起这些针数，这些针数两侧正常编织。

衣袖片制作说明：

1. 2片衣袖片，分别单独编织。

2. 从袖口起织，起62针编织图3花样，不加减针织12行后，两侧同时加针编织，加针方法为6-1-12，加至79针，然后不加减针织至90行，编织花样见图解3。

3. 袖山减针编织：从第1行起要减针编织，两侧同时减针，减针方法如图依次1-4-1，2-2-8，1-2-7，最后余下16针，直接收针后断线。

4. 同样的方法再编织另一衣袖片。

5. 将两袖片的袖山与衣身的袖窿线边对应缝合，再缝合袖片的侧缝。

衣领制作说明：

1. 1片横向编织完成。起38针18cm全上针编织，编织长度与衣领边一致，编织完成后缝合在衣领边上。

2. 沿着大衣衣襟及衣领挑针起织衣领边缘，挑出的针数，要比沿边的针数稍多些，编织8行下针，从起针处挑针并针编织，将衣边变成双层衣边，收针断线。

3. 编织腰带。起16针，编织单罗纹针，编织到适合长度，收针断线。

符号说明：

□ 上针
□=① 下针
右上2针与左下1针交义
2针相交义，右2针在上
3针相交义，右3针在上
2-1-3 行-针-次

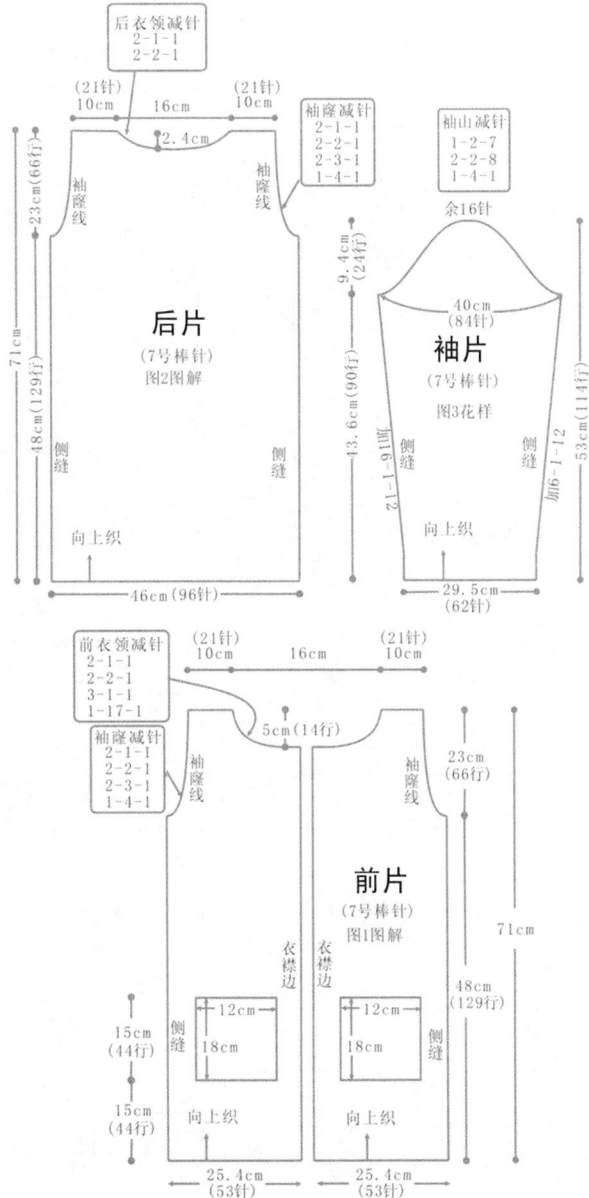

后片
(7号棒针)
图2图解

后衣领减针
2-1-1
2-2-1

(21针) 16cm (21针)
10cm 10cm

2.4cm

23cm(66行)
袖窿线 袖窿线

71cm
48cm(129行)
侧缝 侧缝

向上织
46cm(96针)

袖片
(7号棒针)
图3花样

袖窿减针
2-1-1
2-2-1
2-3-1
1-4-1

袖山减针
1-2-7
2-2-8
1-4-1

余16针

40cm(84针)

53cm(114行)
加6-1-12
侧缝 侧缝

29.5cm(62针)

43.6cm(90行)
9.4cm(24行)
加6-1-12

前片
(7号棒针)
图1图解

前衣领减针
2-1-1
2-2-1
3-1-1
1-17-1

袖窿减针
2-1-1
2-2-1
2-3-1
1-4-1

(21针) 16cm (21针)
10cm 10cm

5cm(14行)

袖窿线 袖窿线
衣襟边 衣襟边

23cm(66行)

71cm
48cm(129行)

15cm(44行)
侧缝 侧缝

12cm
18cm

15cm(44行)
向上织 向上织

25.4cm(53针) 25.4cm(53针)

图2后片花样图解

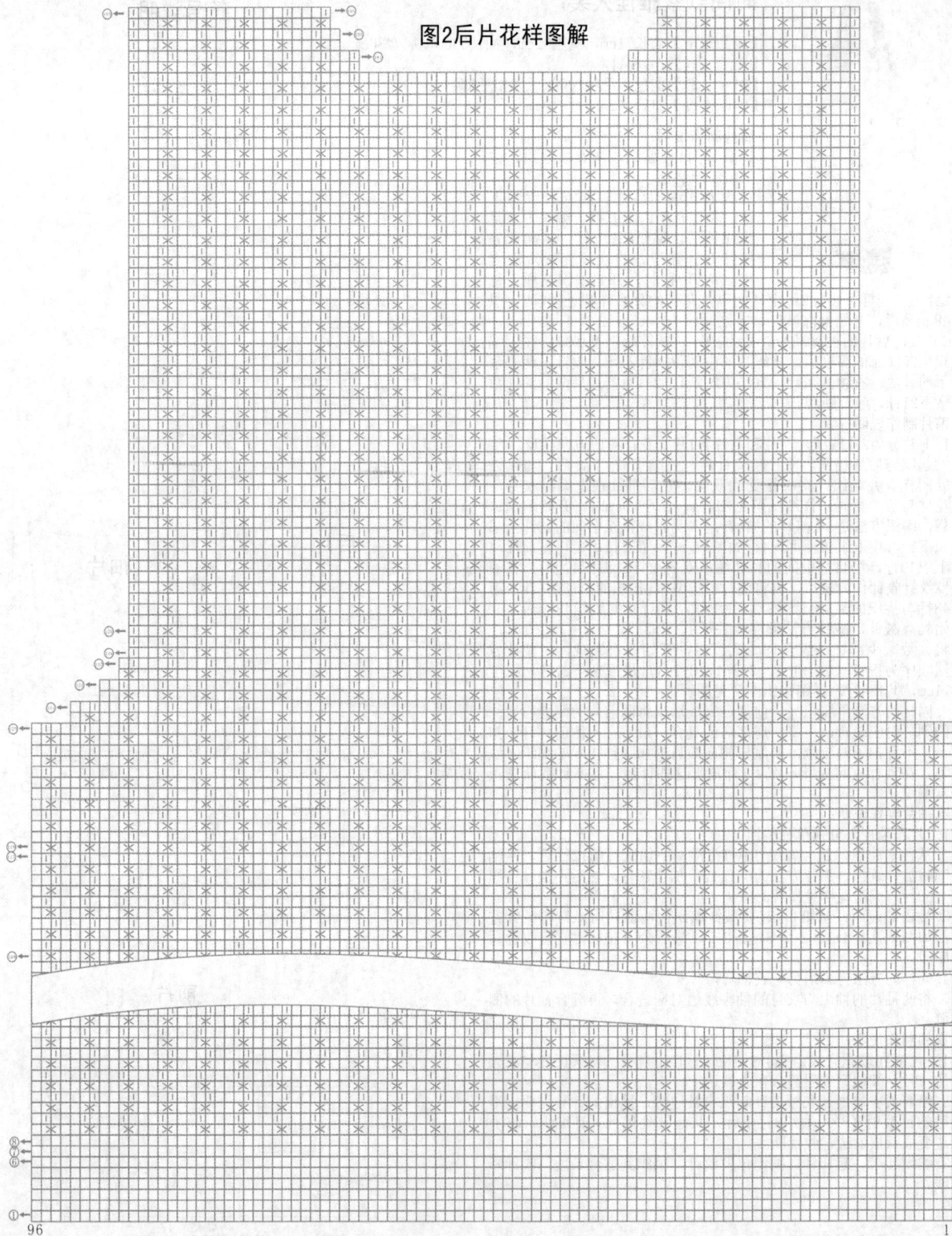

96   1

图3衣袖花样图解

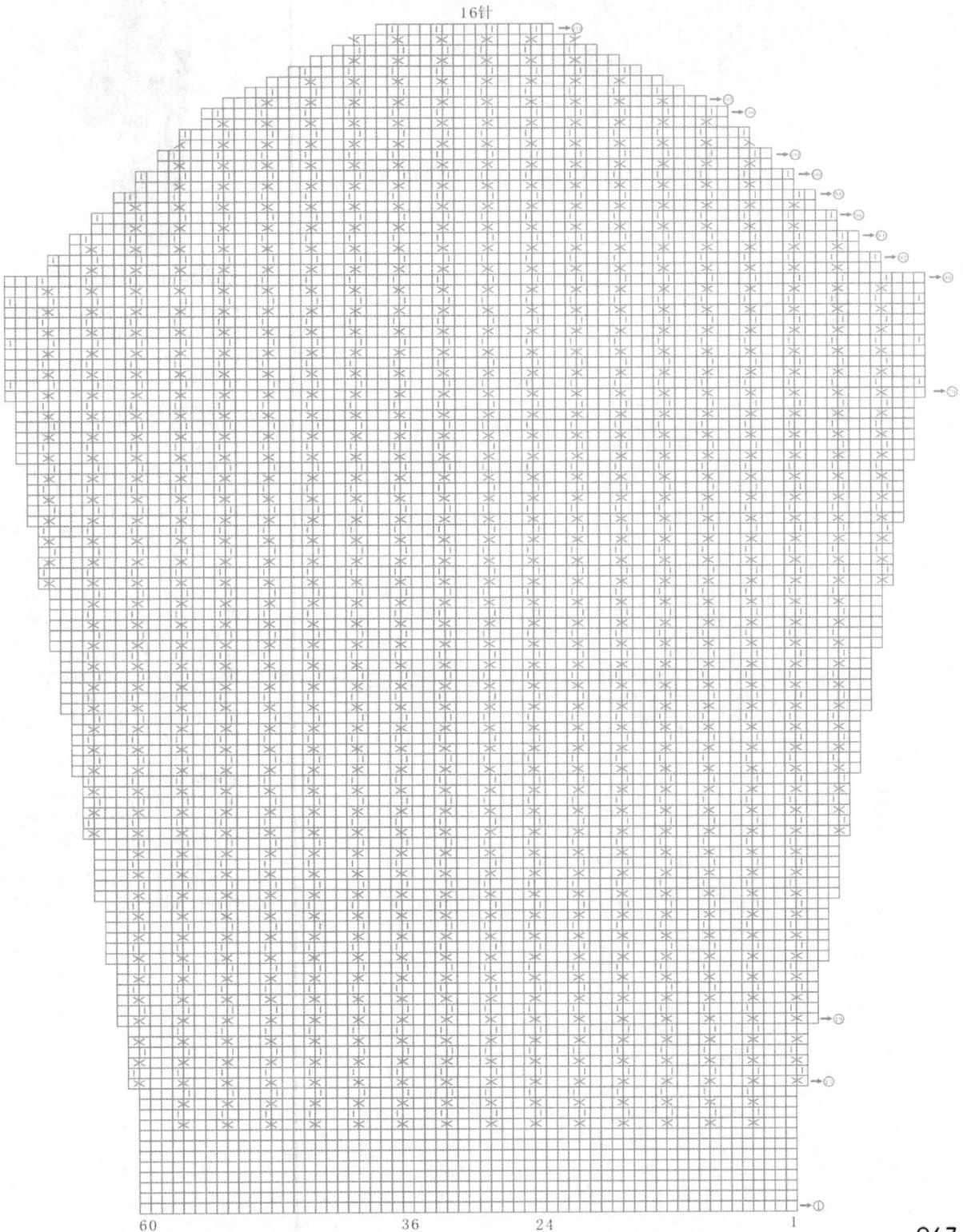

16针

60   36   24   1

图1前片花样图解

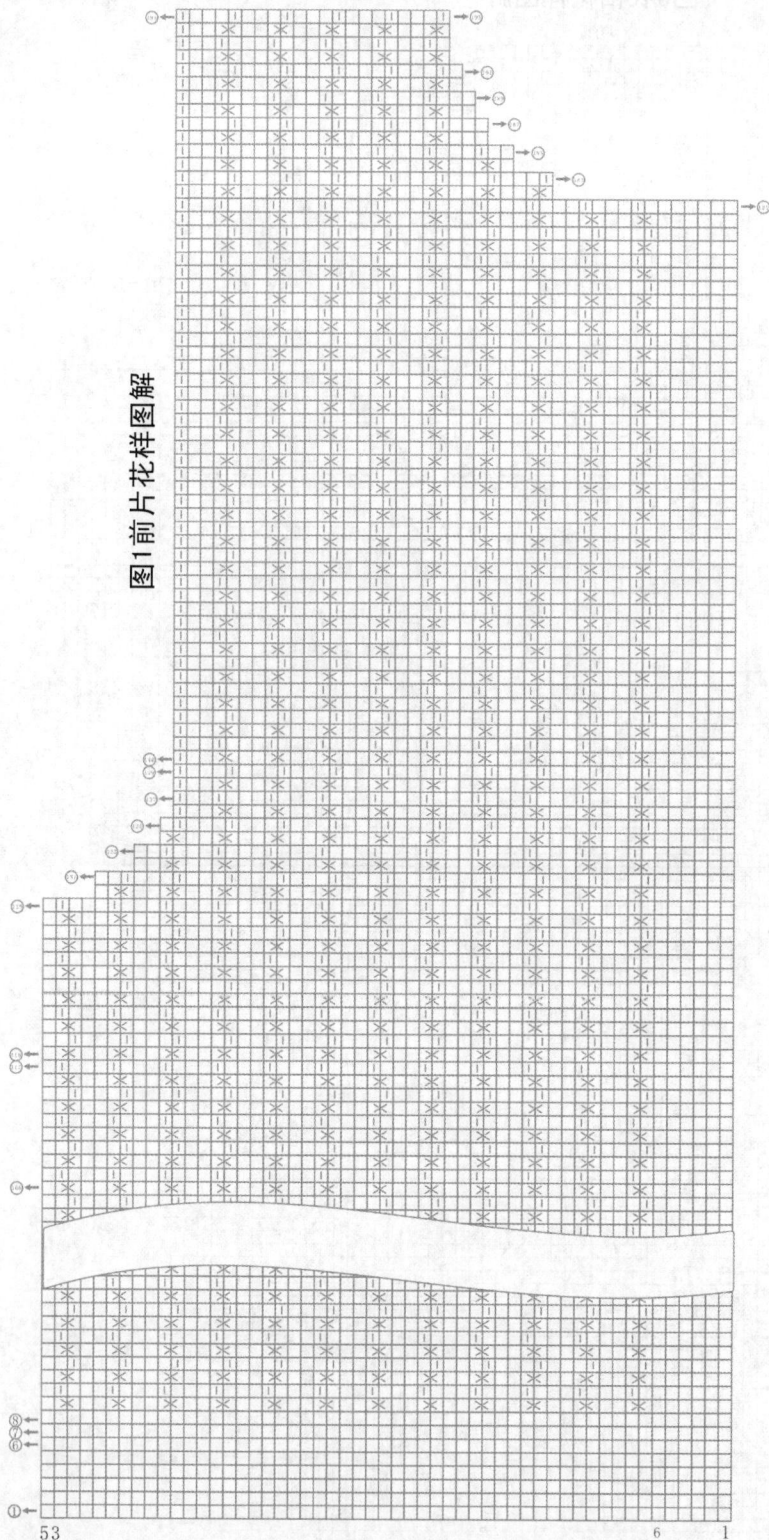

妩媚的俏丽佳人装

【成品规格】衣长70cm，胸围48cm
【工　　具】7号棒针
【材　　料】蓝色羊毛线700g
【编织密度】21针×24.2行=10cm²

前后片制作说明：
1.后片为1片编织，从衣摆起织，往上编织至肩部。
2.大衣先编织后片，起96针编织双罗纹针，织26行。从第27行起，开始编织花样，先织32针下针，1针上针，2针下针，1针上针，再织24针下针(此24针每织28行交叉一次，如图2图解)。再织1针上针，2针下针，1针上针，32针下针，织110行高后，开始衣领减针，方法顺序为2-1-11，衣领减少针数为22针。减针后，不加减针往上编织至136行的高度后，从织片的两侧开始加针，加针方法为2-1-11，最后两侧的针数余下29针，收针断线。
3.同样的方法编织1片前片。

衣领制作说明：
1.1片横向编织完成。起60针编织反元宝针，编织长度与衣领边一致，约编织128行，完成后缝合在衣领边上。
2.编织腰带。起16针，编织单罗纹针，编织到适合长度，收针断线。

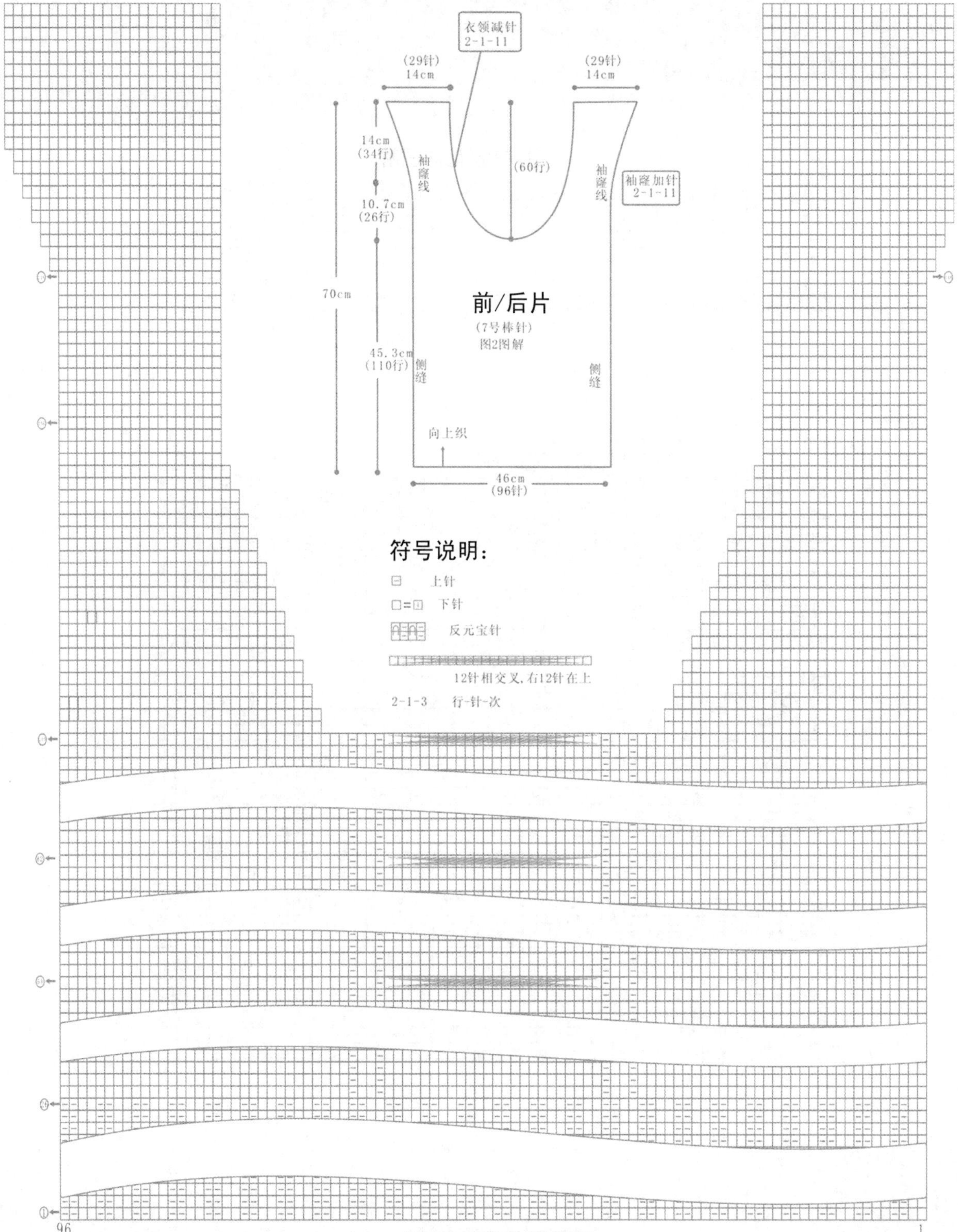

衣领减针
2-1-11

(29针)
14cm

(29针)
14cm

袖窿线

(60行)

袖窿线

袖窿加针
2-1-11

14cm
(34行)

10.7cm
(26行)

70cm

前/后片

(7号棒针)
图2图解

45.3cm
(110行)

侧缝

侧缝

向上织

46cm
(96针)

符号说明：

☐　上针

☐=☐　下针

　　　反元宝针

　　　12针相交叉,右12针在上

2-1-3　行-针-次

96

1

图2前后片花样图解

图1衣领花样图解

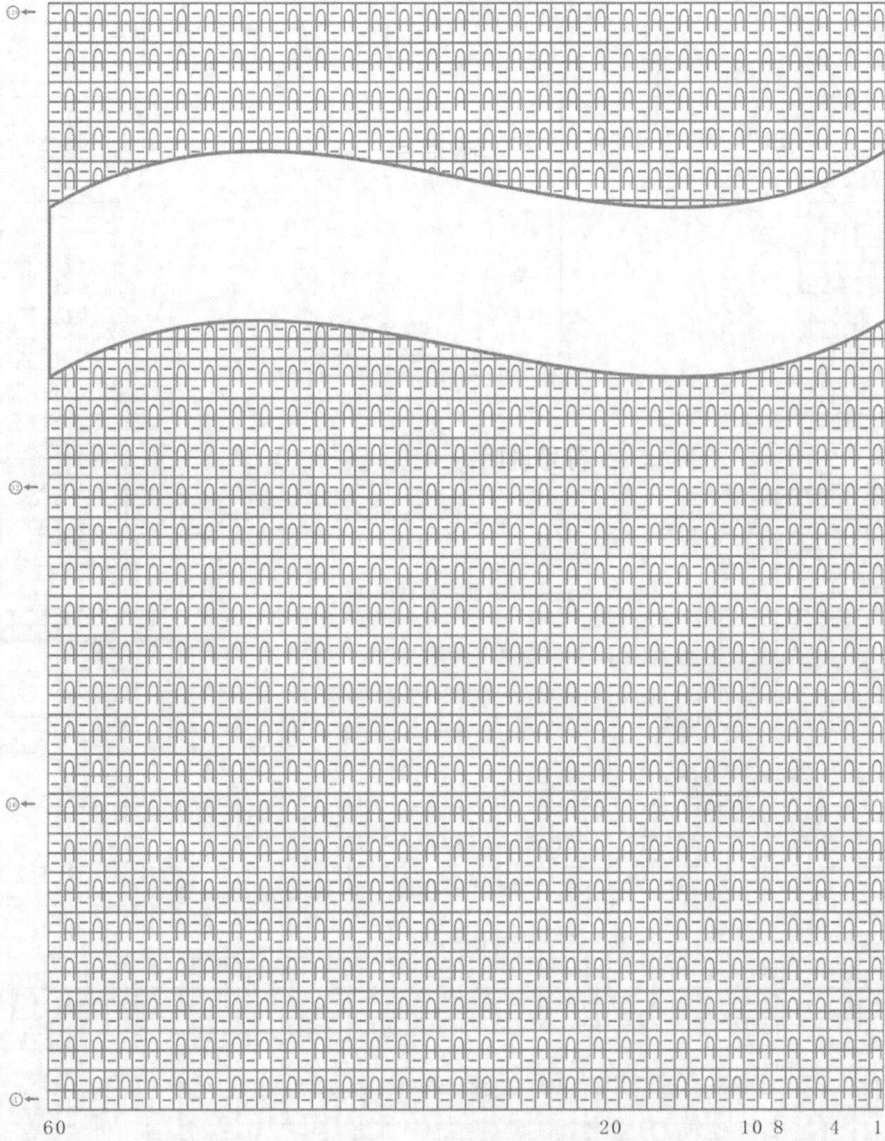

可爱的带帽休闲长装

【成品规格】衣长71cm，胸围92cm，袖长53cm，肩宽36cm
【工　　具】7号棒针，5号棒针
【材　　料】色羊毛线1000g，大扣子8颗
【编织密度】21针×34行=10cm²

后片制作说明：
1.后片为1片编织，从衣摆起织，往上编织至肩部。
2.大衣先用7号针编织后片，起96针编织下针，衣摆有个内藏衣摆，编织方法是起96针后，编织30cm(50行)下针，从起针处挑针并针编织，将衣摆变成双层衣摆。从第51行起，开始编织花样B，每6针为一花样，织26cm(88行)高后，改用5号针编织花样C，织7cm(30行)后，再换回7号针编织花样D，织4cm(14行)后，开始袖窿减针，方法顺序为1-4-1，2-3-1，2-2-1，2-1-1，后片的袖窿减少针数为10针。减针后，不加减针往上编织17.5cm的高度后，从织片的中间留28针不织，收针，两侧余下的针数，衣领侧减针，方法为2-2-1，2-1-1，最后两侧的针数余下21针，收针断线。

前片制作说明：
1.前片分为2片编织，左片和右片各1片，花样对应方向相反。
2.用7号针起36针后，与后片同样方法编织，总长度织至66cm高度时，开始前衣领减针，减针方法顺序为1-17-1，3-1-1，2-2-1，2-1-1，最后余下21针，织至71cm，共246行。收针断线。
3.衣襟用5号针1片编织，起40针编织花样E，编织到与衣领适合长度，收针后缝合在前片的相应位置。
4.同样的方法再编织另一前片，完成后，将两前片的侧缝与后片的侧缝对应缝合，再将两肩部对应缝合。最后在一侧前片钉上扣子。不钉扣子的一侧，要制作相应数目的扣眼，扣眼的编织方法为，在当行收起数针，在下1行重起这些针数，这些针数两侧正常编织。

衣袖片制作说明：
1.2片衣袖片，分别单独编织。
2.从袖口起织，起62针后，编织编织花样A24行下针，从起针处挑针并针编织，将袖口变成双层袖口。不加减织24行后，两侧同时加针编织，加针方法为6-1-12，加至79行，然后不加减织针织至90行。
3.袖山的编织：从第1行要减针编织，两侧同时减针，减针方法如图依次1-4-1，2-2-8，1-2-7，最后余下16针，直接收针后断线。
4.同样的方法再编织另一衣袖片。
5.将两袖片的袖山与衣身的袖窿线边对应缝合，再缝合袖片的侧缝。

衣领制作说明：
1.1片横向编织完成。起24针全下针编织，编织长度与衣领边一致，编织完成后折叠成双层，缝合在衣领边上。
2.编织腰带。用5号针起16针，编织单罗纹针，编织到适合长度，收针断线。
3.编织如腰带扣花样图所示扣带，缝合于适合位置。

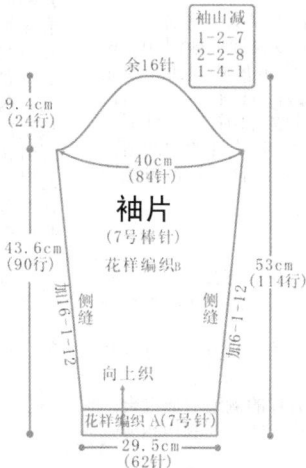

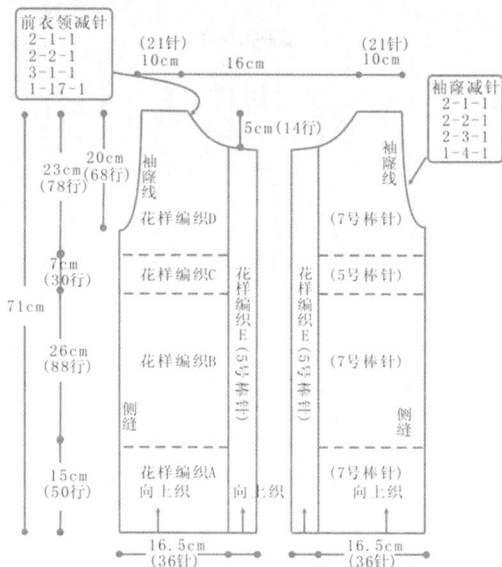

符号说明：

符号	说明	符号	说明
□ = □	上针		2针相交义，右2针在上
①	下针		3针相交义，右3针在上
	元宝针		2-1-3 行一针一次

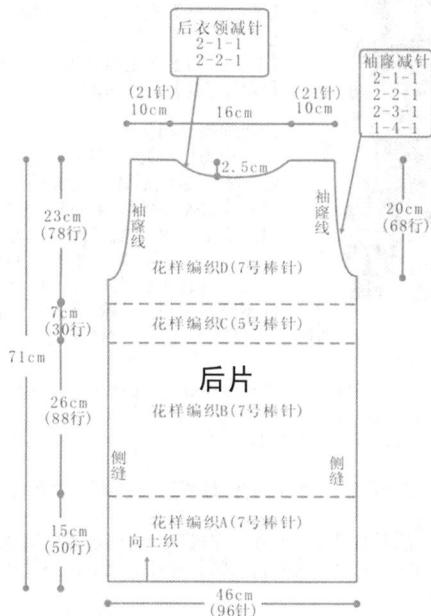

袖片图（7号棒针）
花样编织B
袖山减 1-2-7 / 2-2-8 / 1-2-7 / 1-4-1 余16针
9.4cm(24行)
40cm(84针)
43.6cm(90行)
53cm(114行)
花样编织A(7号针)
向上织
加16-1-12
29.5cm(62针)
侧缝

前片示意图
前衣领减针 2-1-1 / 2-2-1 / 2-2-1 / 1-17-1
袖窿减针 2-1-1 / 2-2-1 / 2-3-1 / 1-4-1
(21针)10cm 16cm (21针)10cm
5cm(14行)
20cm(68行)
23cm(78行)
7cm(30行)
26cm(88行)
15cm(50行)
71cm
花样编织D
花样编织C
花样编织B
花样编织E(5号棒针)
花样编织A 向上织
16.5cm(36针)
袖窿线
侧缝

后片
后衣领减针 2-1-1 / 2-2-1
袖窿减针 2-1-1 / 2-2-1 / 2-3-1 / 1-4-1
(21针)10cm 16cm (21针)10cm
2.5cm
23cm(78行)
20cm(68行)
7cm(30行)
26cm(88行)
15cm(50行)
71cm
花样编织D(7号棒针)
花样编织C(5号棒针)
花样编织B(7号棒针)
花样编织A(7号棒针) 向上织
46cm(96针)
袖窿线
侧缝

腰带扣花样

花样编织D

→⑯

→⑧

→①

35　25　16　6　1

花样编织A

10　1

→①
→①

花样编织B

12　6

→④
→①

6针4行一个花样

花样编织C

10　1

→④
→①

2针2行一个花样

花样编织E

10　1

→④
→①

2针1行一个花样

13

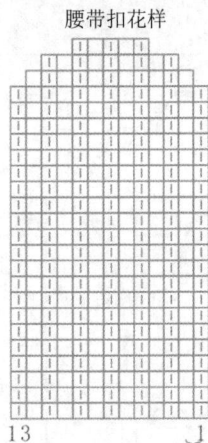

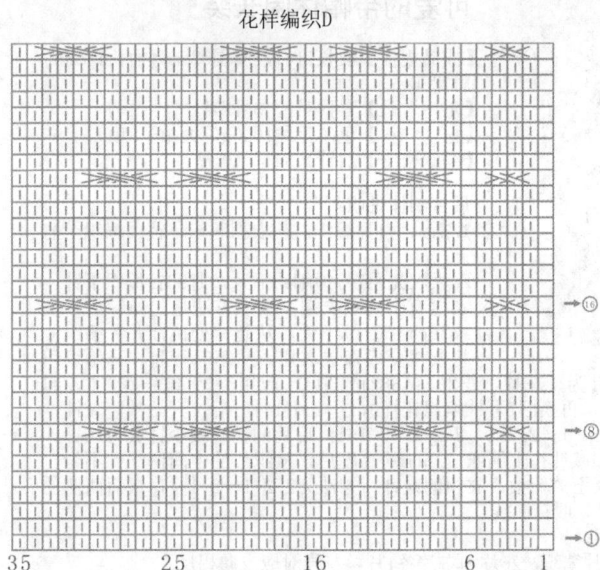

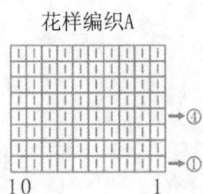

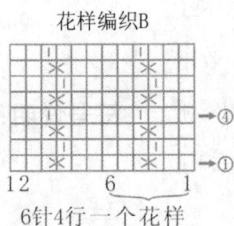

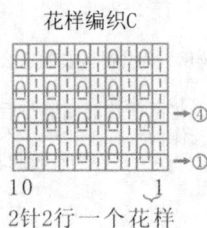

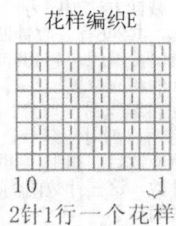

休闲款动感长装

【成品规格】衣长72cm，胸围92cm，袖长53cm，肩宽36cm
【工　　具】7号棒针，5号棒针
【材　　料】羊毛线1000g，大扣子5颗
【编织密度】21针×34行=10cm²

后片制作说明：
1. 后片为1片编织，从衣摆起织，往上编织至肩部。
2. 大衣先编织后片，起96针编织双罗纹针，编织10cm，开始全下针编织，线的颜色依照图示尺寸调换，织至51cm高后，开始袖窿减针，方法顺序为1-4-1，2-3-1，2-2-1，2-1-1，后片的袖窿减少针数为10针。减针后，不加减针往上编织17.5cm的高度后，从织片的中间留28针不织，收针。两侧余下的针数，衣领侧减针，方法为2-2-1，2-1-1，最后两侧的针数余下21针，收针断线。

前片制作说明：
1. 前片分为2片编织，左片和右片各1片，花样对应方向相反。
2. 起36针后，与后片同样方法编织，总长度织至66cm高度时，开始前衣领减针，减针方法顺序为1-17-1，3-1-1，2-2-1，2-1-1，最后余下21针，织至71cm，收针断线。
3. 衣襟挑织双罗纹针，挑的针数要比衣片本身的针数稍多些，织20行，收针断线。
4. 同样的方法再编织另一前片，完成后，将两前片的侧缝与后片的侧缝对应缝合，再将两肩部对应缝合。最后在一侧前片钉上扣子。不钉扣子的一侧，要制作相应数目的扣眼，扣眼的编织方法为，在当行收起数针，在下1行重起这些针数，这些针数两侧正常编织。
5. 口袋编织，用蓝色线编织12cm×12cm方片，再编织4行双罗纹针后，收针，将方片缝于前片相应位置。

衣袖片制作说明：
1. 2片衣袖片，分别单独编织。
2. 从袖口起织，起62针后，编织双罗纹针7cm高，两侧同时加针，加针方法为6-1-12，加至79针，然后不加减针织至90行。
3. 袖山的编织：从第1行起要减针编织，两侧同时减针，减针方法如图依次1-4-1，2-2-8，1-2-7，最后余下16针，直接收针后断线。
4. 同样的方法再编织另一衣袖片。
5. 将两袖片的袖山与衣身的袖窿线边对应缝合，再缝合袖片的侧缝。

后片 (Back piece)

后衣领减针
2-1-1
2-2-1

(21针)10cm　16cm　(21针)10cm

袖窿减针
2-1-1
2-2-1
2-3-1
1-4-1

2.5cm
袖窿线　蓝色线编织 全下针编织　袖窿线
15cm(51行)
20cm(68行)
16cm(54行)　花色线编织 全下针编织
71cm　6cm(20行)　蓝色线编织
25cm(85行)　花色线编织 全下针编织
侧缝　侧缝
10cm(34行)　向上织 蓝色线编织 双罗纹编织
46cm(96针)

前片 (Front piece)

前衣领减针
2-1-1
2-2-1
3-1-1
1-17-1

(21针)10cm　16cm　(21针)10cm

5cm(14行)

袖窿减针
2-1-1
2-2-1
2-3-1
1-4-1

20cm(68行)　袖窿线　袖窿线
双罗纹编织　双罗纹编织
15cm(51行)
16cm(54行)
71cm　6cm(20行)
侧缝　侧缝
25cm(85行)
10cm(34行)
16.5cm(36针)　6cm(20行)　6cm(20行)　16.5cm(36针)

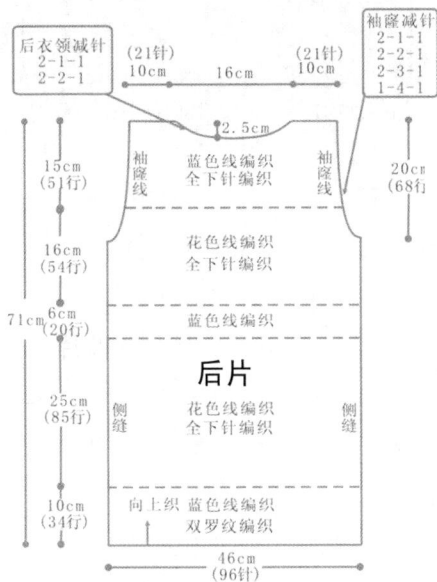

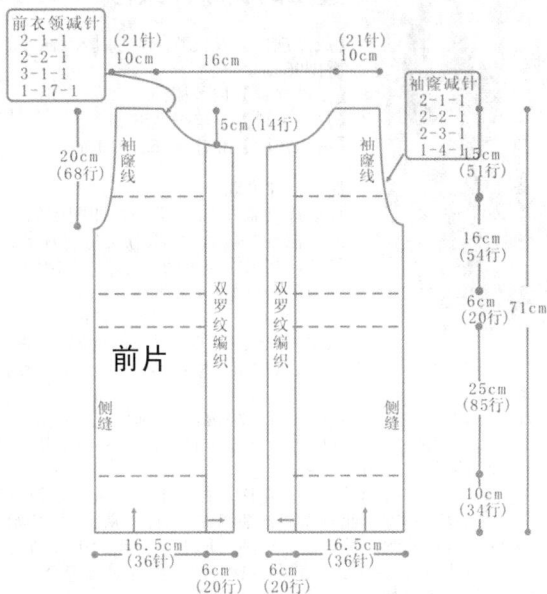

帽子制作说明：

1.1片编织完成。衣领是在前后片及衣袖缝合好后起编的。

2.沿着衣领边挑针起织，全下针编织。挑90针，然后以中心为界两边挑加针，2-1-2，4-1-2，一边加4针，共计98针，向上织至22cm左右，即45行，开始收针，仍然以中心为界两边对称收针，1-1-1，2-1-2，1-1-3，2-3-3，一边收15针，一共收了30针，再缝合帽子顶部。

3.扎好小球及绳子，将小球缝制于绳子上，再将绳子缝于衣身。

袖片 (Sleeve)

袖山减针
1-2-7
2-2-8
1-4-1

余16针
40cm(84针)
9.4cm(24行)
43.6cm(90行)
53cm(114行)
(7号棒针)
花样编织B
侧缝　侧缝
加 6-1-12
向上织
双罗纹编织
29.5cm(62针)

编织花样A（全下针编织）

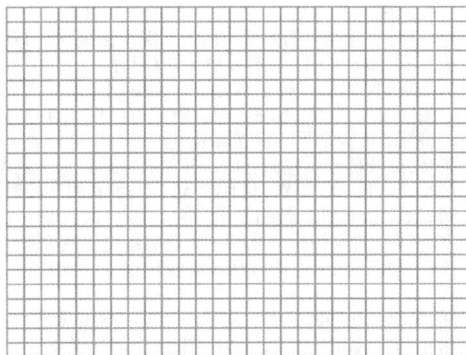

编织花样B（双罗针编织）

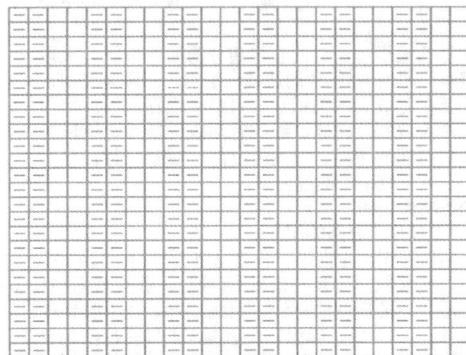

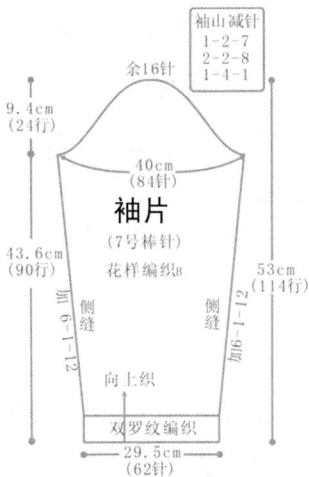

符号说明：

□ 上针

□＝□ 下针

073

蓬松的长款针织衫

【成品规格】衣长87cm，胸围87cm，袖长60cm，臀围96cm

【工　　具】12号棒针

【材　　料】小羊绒线800g

【编织密度】32针×46行=10cm²

后片制作说明：

1. 后片只需分为2片编织，即图中的A部分和B部分。

2. A部分的编织，编织方法与前片的1/4圆相同。起71针，利用编织折回的方法，编织个1/2圆，将起针处与最后1行为一水平线，然后将起始处挑出71针，起始处的花样与另一侧成对称，然后往上编织，但从第1行开始，要进行袖窿减针，减针方法如图，1-4-1，1-3-1，1-2-1，2-1-5，依次将针数减少14针，最后余下114针，不加减针编织75行。

3. 最后10行的编织：整个袖窿高的行数为85行，前面已经编织完成75行，余下10行，这段要一侧作后衣领减针，一侧作肩部折回编织。织片中间留36针不织，分别向两侧各减少10针，减针方法如图。

4. B部分的编织，起针153针，起织花样，共编织100行，然后从101开始编织图2花样，共编织125行，此时织片共编织成225行。从226开始，要从中间分别向两侧同时减针编织，编织出一个圆弧形状，织片中间留31针不织，然后行行减针，均减1针，减60针。最后将A织片与B织片对应缝合。

5. 衣摆的编织，衣摆横向编织，起20针编织图5花样，共编织48cm长，然后将一侧与B织片缝合。此时完成后片的编织。

前片制作说明：

1. 前片分为4片编织。上胸部2片，即结构图中的AB两部分，下衣身2片，即结构图中的C部分。

2. 利用折回编织的方法，上胸部编织两个1/4圆，即A部分，然后往上编织B部分。起71针，按图解1的方法，用折回编织法编织1/4圆，即针数不变，行数变的方法完成A部分编织。花样图解见图1图解。

3. 完成A部分编织后，按正常方法往上编织上胸部，即B部分，起织这部分时，一侧同时要减针织袖窿，减针方法为1-4-1，1-3-1，1-2-1，2-1-4，依次减少，将针数减少余下58针继续编织。

4. 衣领减针：B部分织完54行时，开始衣领减针，一侧留11针不织，（这11针可以直接收针，也可以用别针扣住，留待编织衣领连接时用）然后每行减1针的方法，减7次，余下每2行减1针的方法，减11次，最后余下29针，共织75行。此时，为使肩部更美观合体，再次利用折回编织的方法，编织10行，收针断线。

5. C片的编织：起79针编织，从下往上织，不加减针起织花样，共织100行，然后改织图2花样，共织125行，此时，织片共完成225行，余下的编织，就是将织片减针，呈1/4圆的减针，方法为：第1行收起16针，从第2行开始，行行减1针，共减60次，减至最后余下3针。

6. 衣襟的编织：两边的衣襟边分为两段编织，上段为横织，即沿着A织片的边横向编织，下段为竖织，这段要在完成衣摆编织后才可沿着衣摆起针。上段的花样为双罗纹花样，织24行后收针断线，下段为与衣摆相同的花样，即图6花样，共织249行，最后一行与双罗纹的一侧缝合。

衣袖片制作说明：

1. 2片衣袖片，分别编织。

2. 从袖口起织，先横织一长边花边，起20针起织图5花样，共编织24cm长，收至最后1行收针时，沿花边的同侧边挑针，共挑73针，加上最后收针的最后1针，共74针，起织花样，编织的同时，两侧要同时加针编织，加针方法为16-1-14，将织片编织至102针，此时完成袖身的编织。

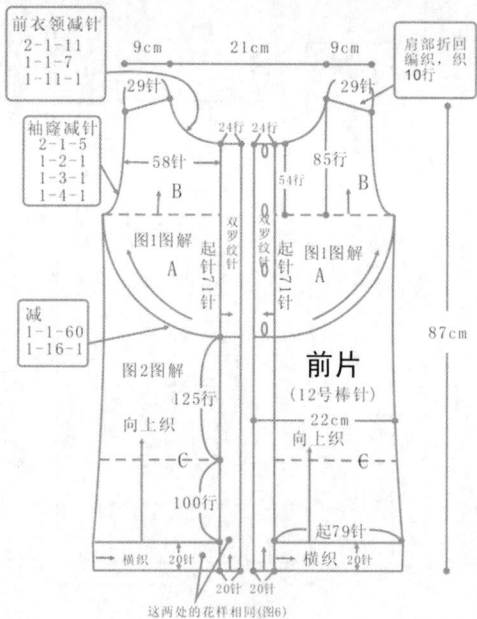

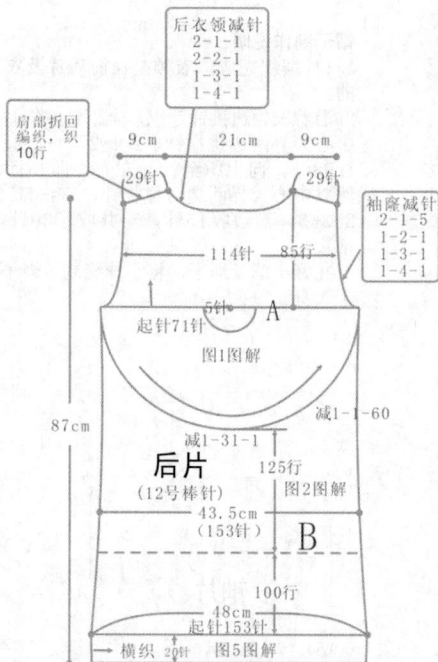

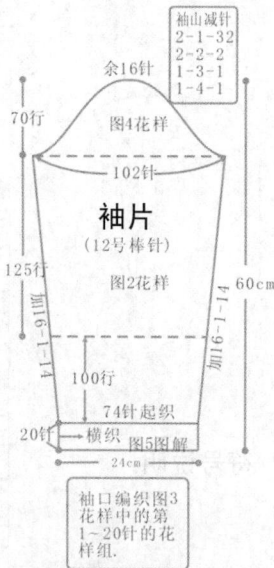

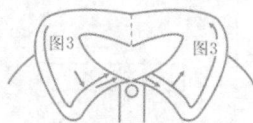

前衣领减针
2-1-11
1-7-1
1-11-1

肩部折回编织，织10行

9cm 21cm 9cm

29针 29针

袖窿减针
2-1-5
1-2-1
1-3-1
1-4-1

24行 24行

58针 85行 85针

B 双罗纹针 B

图1图解 A 起针71针 起针71针 图1图解 A

减
1-1-60
1-16-1

图2图解

125行

向上织

100行

起79针

87cm

22cm 向上织

前片
（12号棒针）

横织 20针 横织 20针

20针 20针

这两处的花样相同(图6)

后衣领减针
2-1-1
2-2-1
1-3-1
1-4-1

肩部折回编织，织10行

9cm 21cm 9cm

29针 29针

袖窿减针
2-1-5
1-2-1
1-3-1
1-4-1

114针 85行

起针71针 图1图解 A

减1-1-60

减1-31-1

125行

图2图解

后片
（12号棒针）

43.5cm（153针）

B

100行

48cm 起针153针

横织 20针 图5图解

87cm

袖山减针
2-1-32
2-2-2
1-3-1
1-4-1

余16针

70行

图4花样

102针

袖片
（12号棒针）

图2花样

125行 60cm

加16-1-14

加16-1-14

100行

74针起织

20针 横织 图5图解

24cm

袖口编织图3花样中的第1~20针的花样组。

图3 图3

图2衣身花样图解

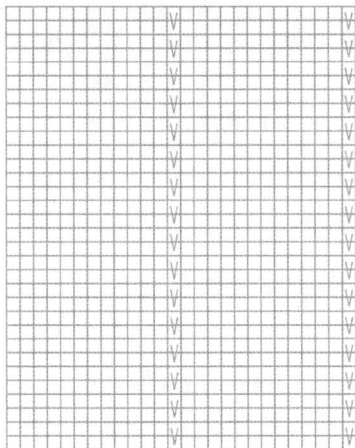

3.袖山的编织：从第1行起要减针编织，两侧同时减针，减针方法如图依次1-4-1，1-3-1，2-2-2，2-1-32，最后余下16针，直接收针后断线。

4.同样的方法再编织另一衣袖片。

衣领制作说明：

1.1片编织完成。

2.先编织一条麻花辫子花样，长度就是衣领的宽度，然后在外侧折回编织数行，待针与花样的一侧同一水平线后，开始就这侧挑起针编织衣领花样，共挑起38针，加上原来的麻花辫子花样针数，共52针，然后按照图4图解的方法，前10行是折回编织，针数不变，行数变，将衣领织成弧形，然后重复这个方法编织整段衣领，最后一步，留麻花辫子花样的针数编织，一侧并针，织至衣襟收针断线。隐藏线。

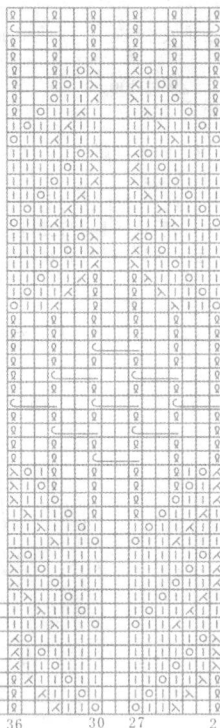

图3衣领花样图解

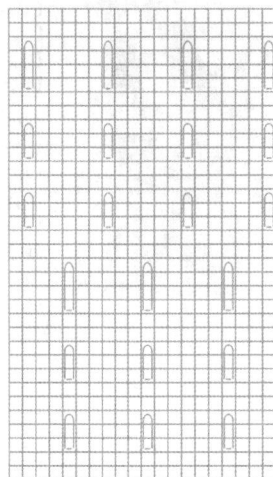

52　46 44　41 39　　36　　　30　27　　21 18 16 13　　　5　2 1

图4衣袖袖山花样图解

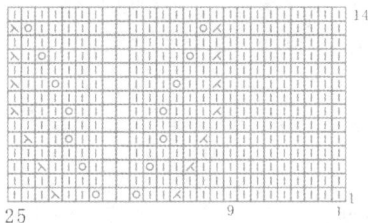

25　　　9　　1

图5衣摆、袖口花样图解

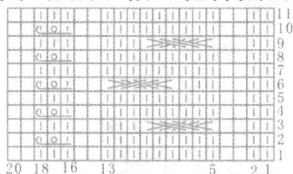

20 18 16　13　　　5　2 1

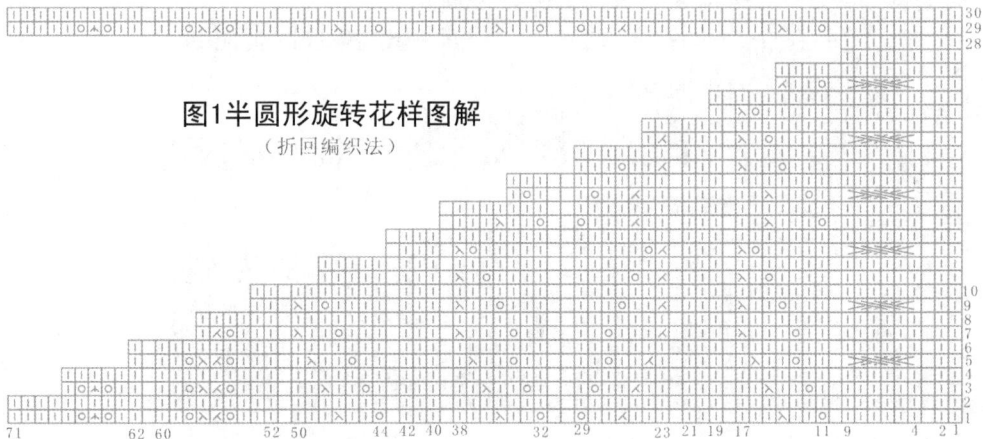

图1半圆形旋转花样图解
（折回编织法）

71　　62 60　　52 50　　44 42 40 38　　32　29　　23 21 19 17　　11 9　　4 2 1

V领的红色可爱装

【成品规格】胸围82cm，衣长56cm，袖长20cm
【工　　具】5号棒针
【材　　料】红色夹金线棉线300g
【编织密度】30针×40行=10cm²

制作说明：注意结构图上的不同颜色部分均与相同颜色的针法相对应。

后片：先织后片。从下摆处起122针按花样A针法图往上编织，织到36cm后在两侧按图示减针收挂肩。同时要换织花样C。当织到18.5cm后收出后领弧线。

前片：先织下面部分。和后片一样起122针按花样A针法图往上编织，到36cm后平收针。再起60针按花样B针法图横向编织好挂肩的左右两部分。

袖子：按结构图从袖口起96针往上织8行，1行上1行下针，再改织花样C，注意在袖下线两侧要按图示加针，织到10cm后再减针收出袖山。

最后将前片的上、下两部分合并好，并分别合并腋下两侧缝及前后肩缝，安装好袖子。

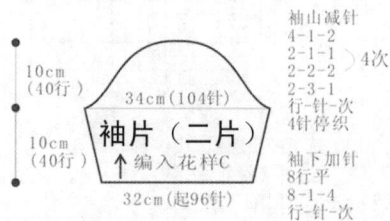

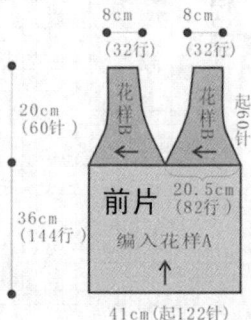

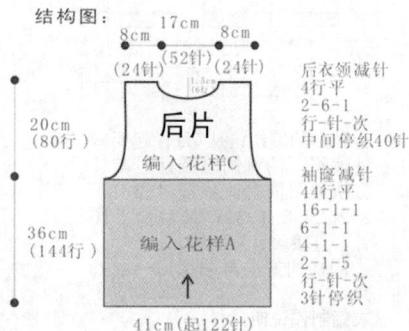

符号说明：

| | 下针　　　　　— □ 上针

入 拨收1针　　　　○ 加针

人 2针并1针　　　↑ 编织方向

木 中上3针并1针

花样C针法图

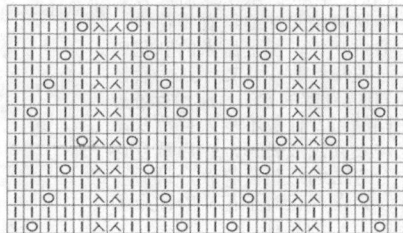

花样B针法图

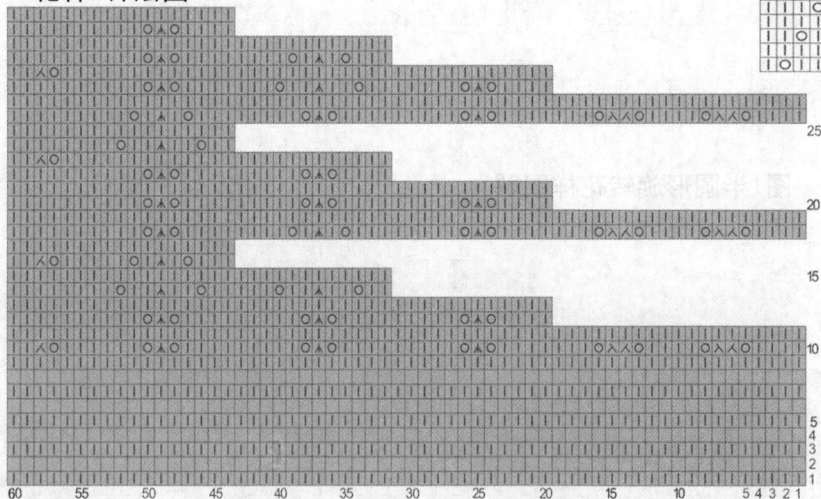

花样A针法图

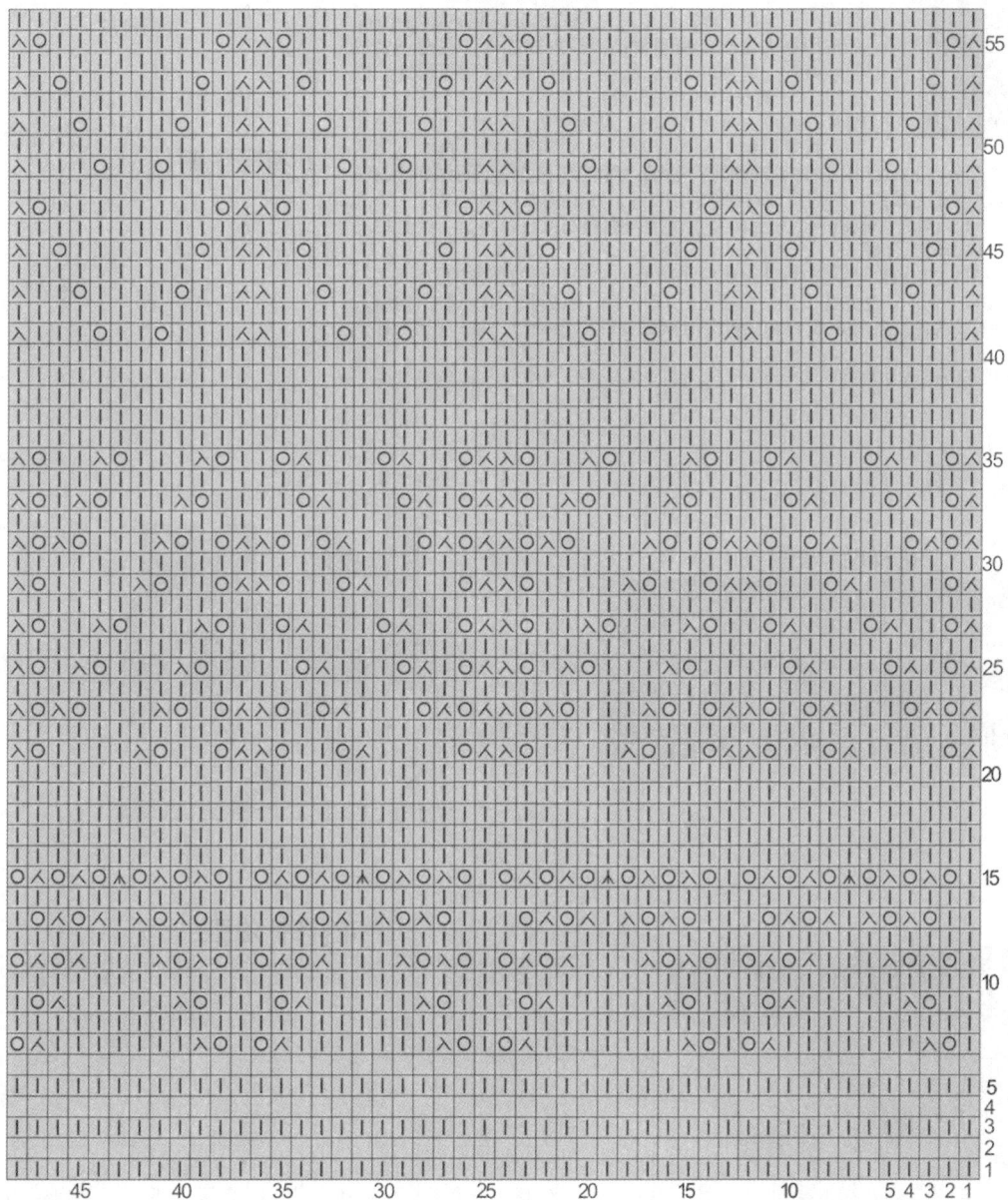

成熟款个性长裙

【成品规格】胸围87cm，臀围94cm，衣长86cm，袖长59cm
【工　　具】7号棒针
【材　　料】蓝色中粗毛线500g
【编织密度】25针×37行=10cm²

制作说明： 注意结构图上的不同颜色部分均与相同颜色的针法相对应。

后片： 和前片一样，织中间白色的部分，起85针按花样E针法往上编织，两侧角仍要按规律加针。在两侧要按图示减针，织到9cm后，从左下开始按花样B弧形针法图编织。一直往上织到后片完成。

前片： 先织上面蓝色部分。从侧缝处起99针，按花样A针法图进行编织。前片蓝色上部分一次完成。再织下面两个红色的半圆部分，起42针按花样D针法图进行编织。最后织中间白色的部分，起85针按花样E针法图往上编织，两侧角按规律加到132针。在两侧要按图示减针，织到9cm后，从左下开始收针，收出一个和上面蓝色圆形相吻合的弧线。将蓝、红、白三部分用手针分别均匀缝合好。

袖子： 按结构图从袖山的一半起37针往上织成半圆形，然后和起始部位的37针（共74针）一起往袖口方向织。注意先要织6行1行上针1行下针，然后和后片一样斜向编织花样B，在袖下线两侧要加针，织到40cm再分散减去28针后织袖口，袖口仍织1行上针1行下针共织15行。

最后分别合并好两侧缝和肩线，安装好袖了，根据个人爱好，织红、蓝色腰带各一根。

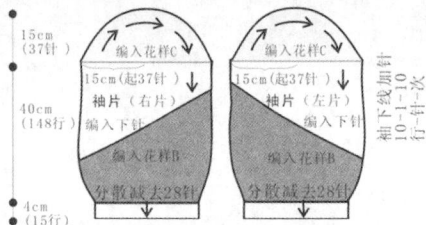

袖片

符号说明：

⏐ 下针	⋋ 拨收1针
— 上针	○ 加针
⋏ 2针并1针	↑ 编织方向

花样B针法图

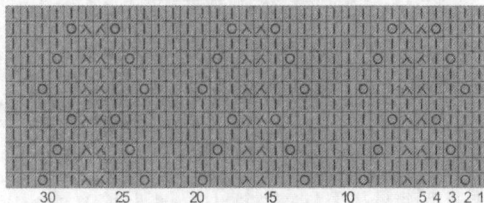

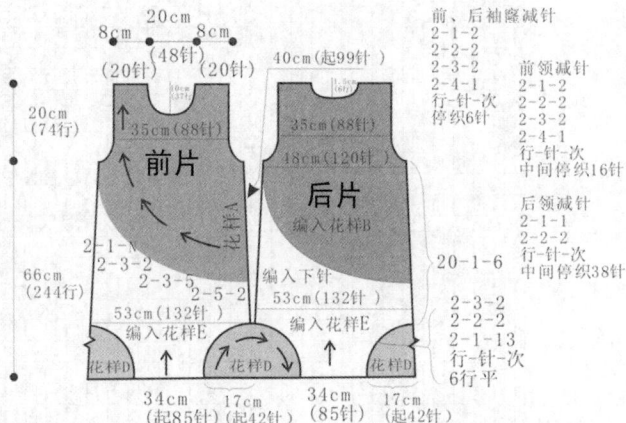

花样B弧形针法图

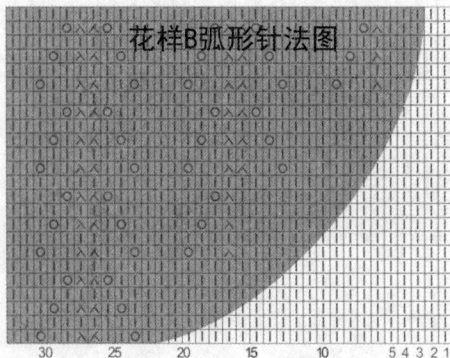

花样E针法图

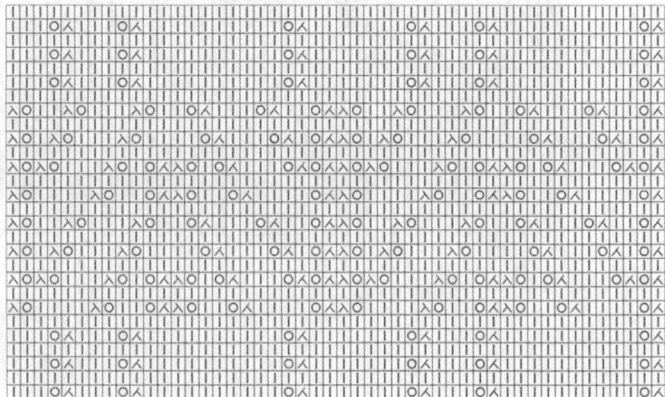

贴身款窈窕淑女裙

【成品规格】胸围82cm，臀围
89cm，衣长90cm，袖长53cm
【工　　具】5号棒针
【材　　料】绿色细毛线500g
【编织密度】30针×52行=10cm²

制作说明：

后片：先织后片。从下摆起
136针按花样A针法图往上编
织5cm，织花样B的同时，在
两侧要按图示减针到40cm后
不加不减往上织10cm花样
A。再改织10cm花样B后收挂
肩，到18.5cm后收出后领弧线。两肩上的针留待和前片
合并时再用。

前片：和后片一样从下摆起136针按花样A针法图往上编
织5cm，在织花样B的同时，在两侧要按图示减针织到
40cm后不加不减往上织10cm花样A。要注意按前片腰部
针法图往上续织出一个"山"形，以便和横织部位相吻
合。再从起点处起32针按前片横织花样针法图横向织
218行后收针。从横织部分的一侧挑起128针往上织挂肩
和前领。从横织部分的另一侧和"山"形部分合并。两
肩上的针和后片合并好。

袖子：按结构图从袖口起83针往上编织。袖下线要按图
示逐渐加针，织到40.5cm后减针织袖山。织好对应的另
一只袖子。最后分别合两侧缝，安装好袖子。

织衣领：前片挑出26cm（86针）、后片挑出17.5cm（58针）
往上织花样A为衣领。

高领：另起50针织花样A38cm（198行）首尾相接成园圈
状。

腰带：用钩针按相关花样针法钩织一根由单元花样组成
的腰带。

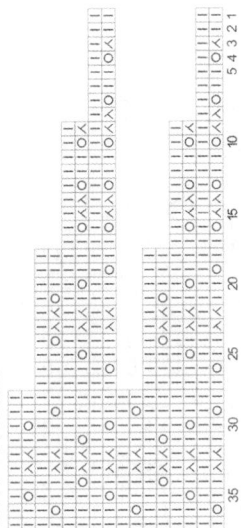

花样C针法图

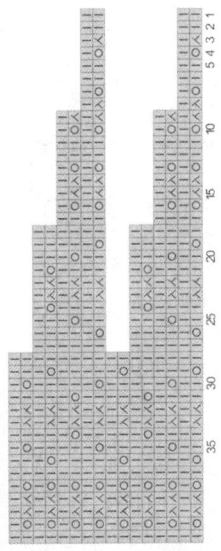

花样D针法图

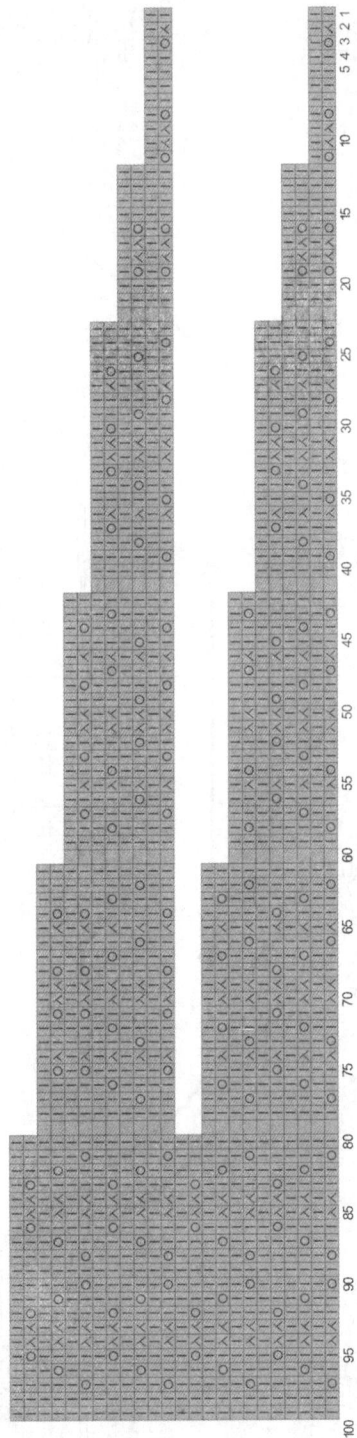

花样A针法图

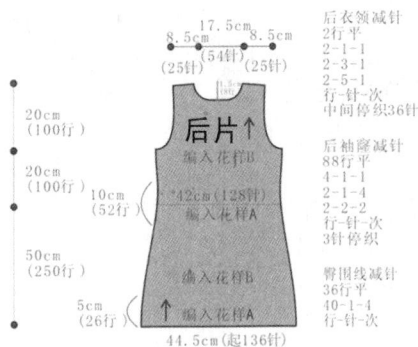

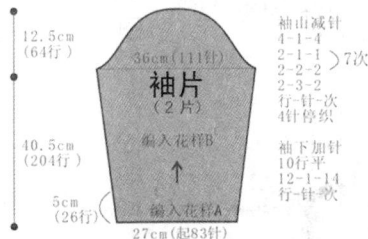

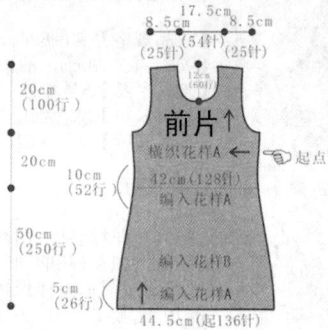

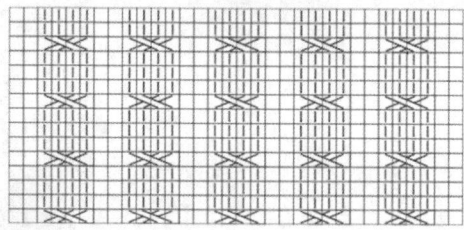

前片横织花样针法图
（以下红色为共用部分）

前片↑

横织花样A ←起点

42cm（128针）
编入花样A

编入花样B

编入花样A

44.5cm（起136针）

8.5cm　8.5cm
（25针）　（25针）

17.5cm
（54针）

12cm
（50针）

20cm
（100行）

20cm

10cm
（52行）

50cm
（250行）

5cm
（26行）

臀围线减针
36行平
40-1-4
行-针-次

前袖隆减针
82行平
4-1-2
2-1-3
2-2-2
行-针-次
3针停织

前领减针
2行平
4-1-2
2-1-20
行-针-次
中间20针停织

符号说明：

| Ⅰ 下针 | ― □ 上针 |

⧓ 2针下针右上交叉

枣针
（3针长针并为1针）

⊂ 锁针　　　● 引拔针
× 短针　　　↑ 编织方向
Ｔ 长针　　　⋒ 滑针（下针）

逐渐减针　　两侧连接起来编织　　逐渐减针

不间断的编织

两侧连接起来编织

逐渐加针　　　　　　逐渐加针

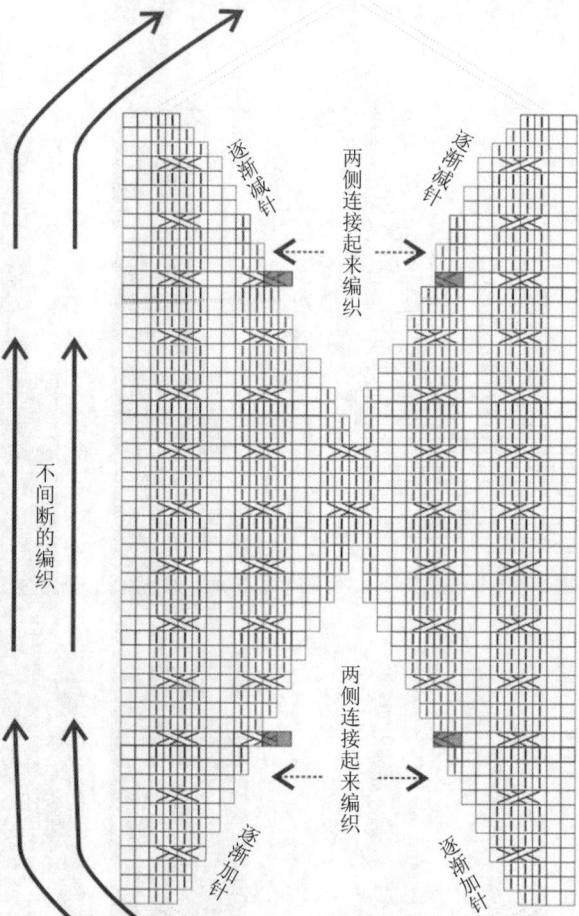

花样A针法图

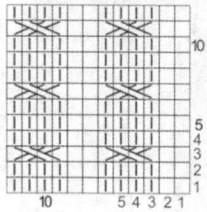

花样B针法图

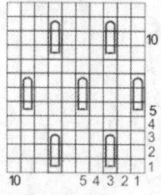

腰带花样针法图

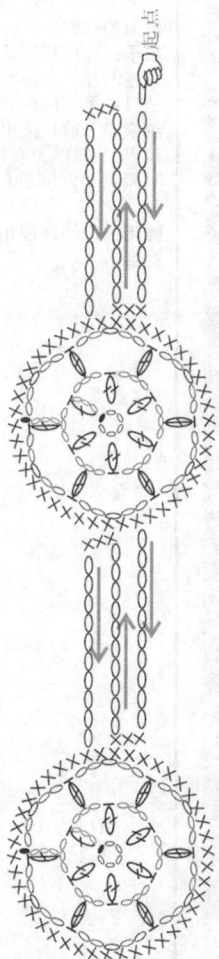

起点

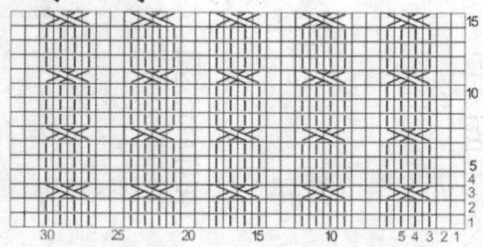

前片中心点 ↓

前片腰部花样针法图

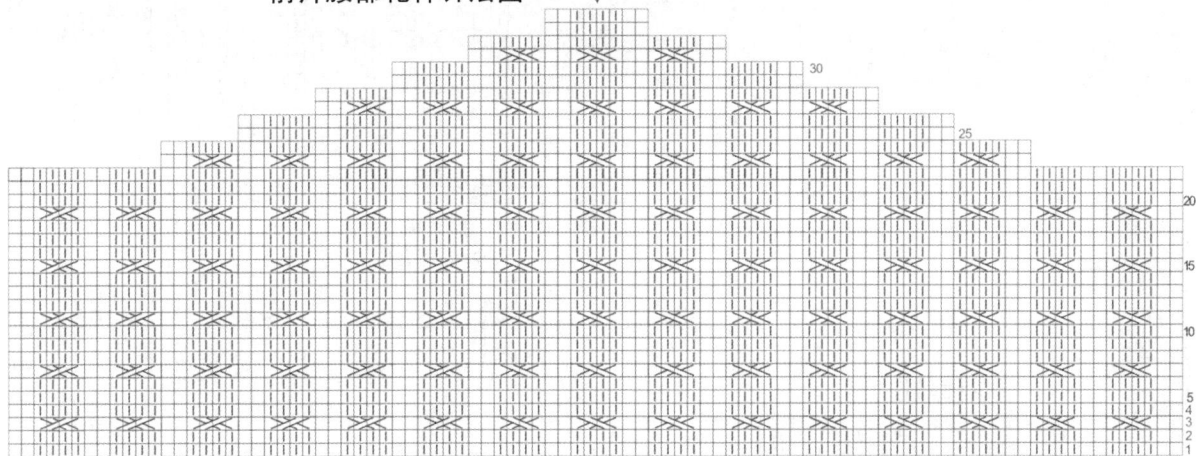

30

25

20
15
10
5
4
3
2
1

可爱款圆领长袖衫

【成品规格】 胸围84cm，衣长66cm，肩袖长56cm
【工　具】 5号棒针
【材　料】 牛奶丝羊绒蓝色线450g
【编织密度】 30针×45行=10cm²

制作说明： 注意结构图上的不同颜色部分均与相同颜色的针法相对应。

抵肩： 先织抵肩(蓝色部分)，起26针由圆前领的一侧开始织花样A。将首尾合并到圆形，圆的内侧等于衣领大。花样A的上面5针延织成领结，然后从蓝色部分挑针往下织，按结构图上蓝色部分挑出350针往下编织，分别安置好

10个花样B，织36行完成花样B(往下织的为衣身部分，往上织的部分为衣领)。往上挑针织1行上针1行下针共12行为衣领部分。

腰身部分： 按结构图起75针横向编织花样C，长度为84cm，然后首尾合并，上面和抵肩的花样B部分相连接，下面则是和花样D部分相连接，最后在花样D部分往下挑针换织花样E。

袖片： 袖子除最下面不用织花样E外，其他部分和身片织法大致相同。

符号说明：

↑ 编织方向

符号	说明	符号	说明
Ｉ	下针	—	上针
人	2针并1针	入	拨收1针
Ω	扭针	○	加针

2针下针右上交叉

2针下针左上交叉

先将第3针挑过第2和第1针，然后织1针加1针再织1针

3针并为1针

3针右上交叉

2针下针右上交叉，中间1针上针在下面

2针下针和2针上针右上交叉

2针下针和2针上针左上交叉

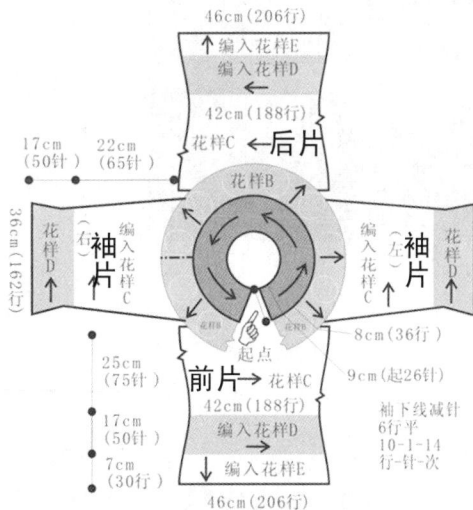

46cm(206行)
↑编入花样E
编入花样D
42cm(188行)
花样C ←后片→
17cm(50针) 22cm(65针)
花样B
36cm(162行)
花样D 右袖 编入花样C 左袖 花样D
起点
8cm(36行)
9cm(起26针)
25cm(75针) 前片 花样C
42cm(188行)
17cm(50针) 编入花样D
7cm(30行) ↓编入花样E
46cm(206行)
袖下线减针
6行平
10-1-14
行-针-次

081

花样B针法图

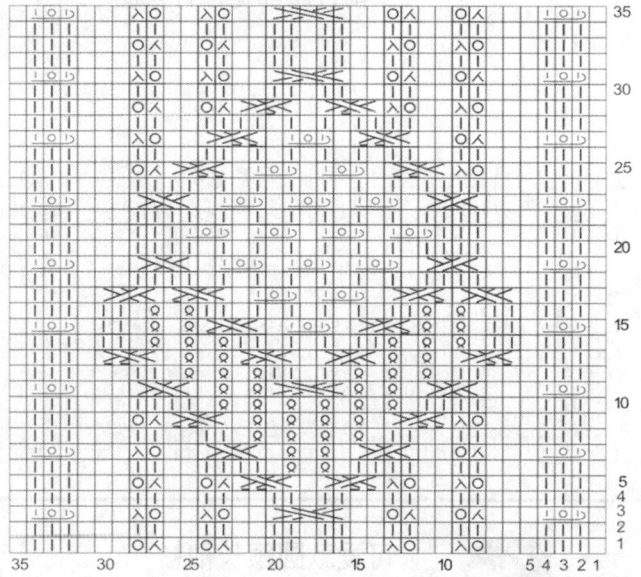

花样A针法图

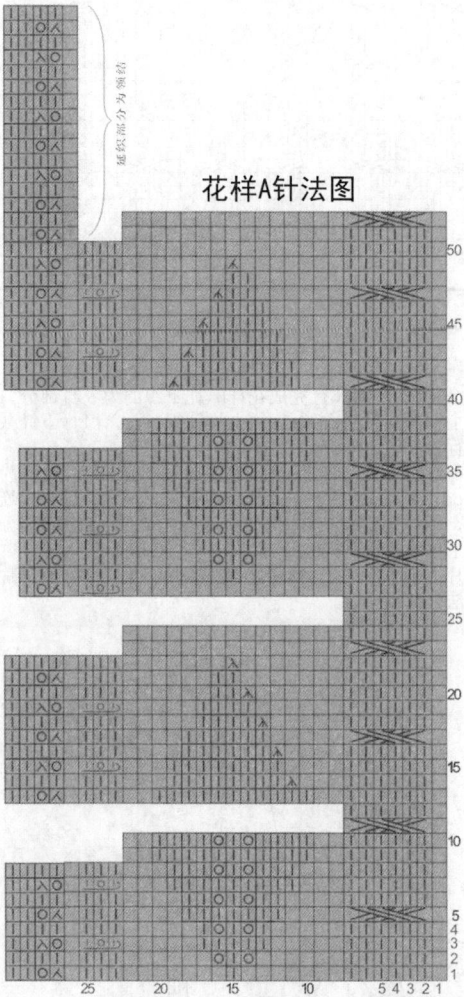

花样C针法图

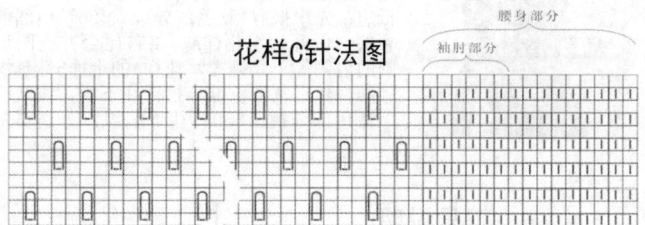

花样E针法图

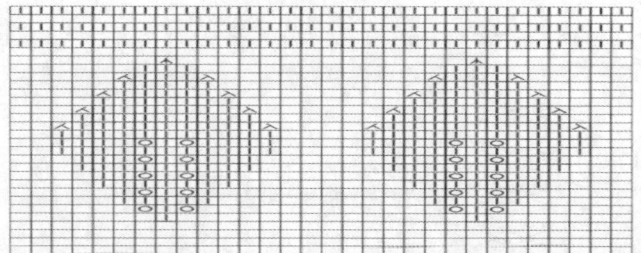

花样D针法图

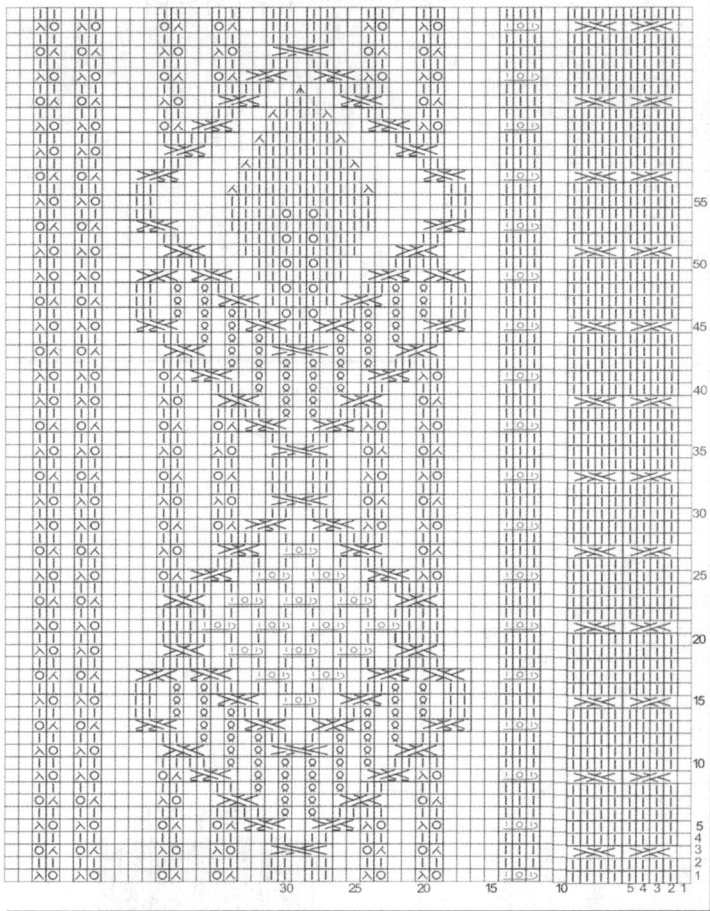

随意的对襟长袖长装

【成品规格】胸围85cm，衣长87cm，袖长56cm
【工　　具】5号棒针
【材　　料】紫色段染中细羊毛线500g
【编织密度】34针×40行=10cm²

制作说明:

1. 注意结构图上的不同颜色部分均与相同颜色的针法相对应。

2. 衣服由三部分组成：上部分花样A运用了横织的方法，使得胸部自然形成弧形；中间部分从腰部起针往上竖织。下部分依然横织，形成上小下大的大扇形并在下摆部分织10针罗纹针（注意：罗纹针的反织成上滑针，这样下摆就不会卷）。

3. 袖子：按结构图从袖口起102针按相关针法图往上织，注意在袖下线两侧要按图示加针，织到46cm后再减针收出袖山。最后将前片的上、中、下部分合并好，并分别合并腋下两侧缝及前后肩缝，安装好袖子。在门襟挑针横向织双针罗纹并平均安置好8颗纽扣。

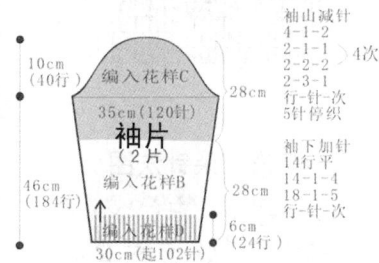

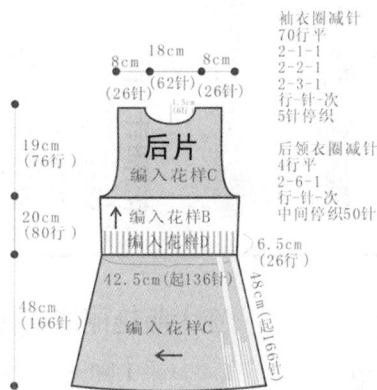

花样D针法图

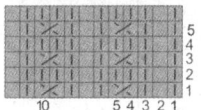

裙摆花样C织成下大上小行数示意图

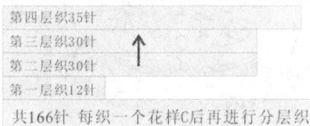

符号说明：

	下针
入	拨收1针
人	2针并1针
木	中上3针并1针
一	上针
○	加针
╳	1针左上交叉
↑	编织方向

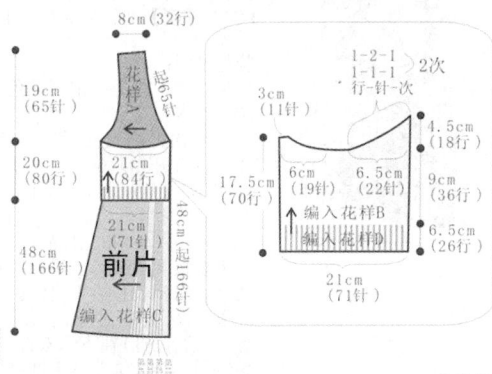

083

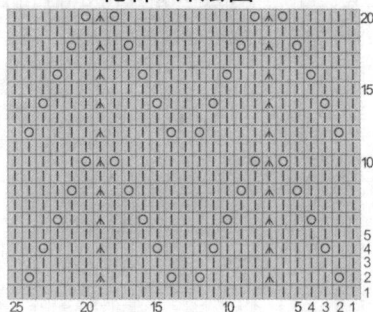

花样C针法图

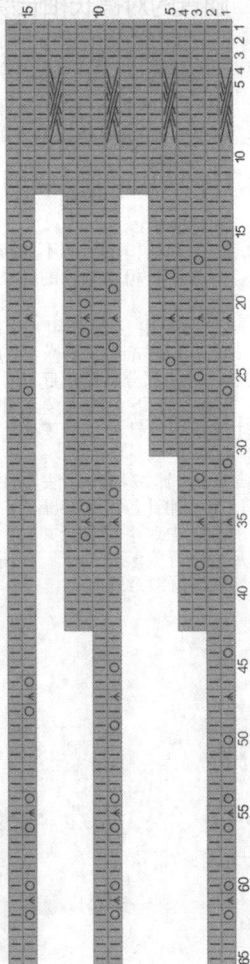

花样A针法图

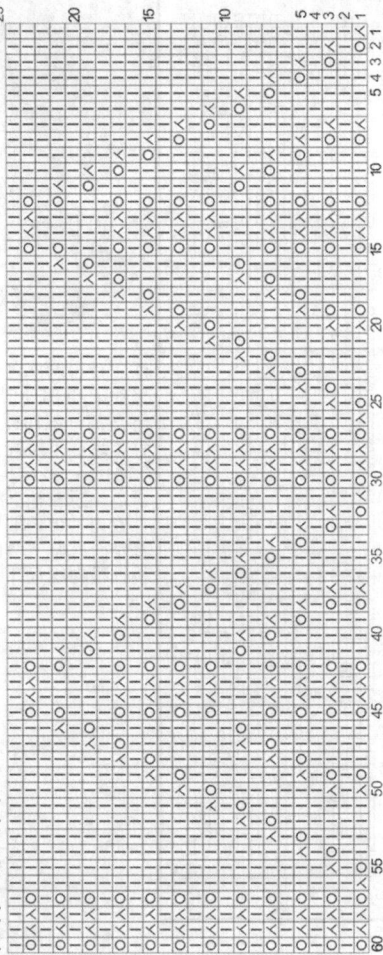

花样B针法图

符号说明：

✕✕	2针下针右上交叉
✕✕	2针下针左上交叉
I 下针	─ □ 上针
人 2针并1针	O 加针
↘ 拨收1针	↑ 编织方向
○ 锁针	● 引拔针
外钩长针	
长针	

花样C针法图

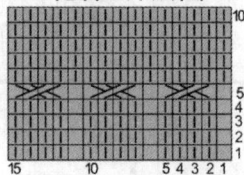

宽大版艳丽连衣裙

【成品规格】胸围84cm，衣长88cm
【工　　具】5号棒针
【材　　料】红色中细羊毛线380g
【编织密度】30针×40行=10cm²

制作说明：

1.注意结构图上的不同颜色部分均与相同颜色的针法相对应。

2.衣服由抵肩及前后片组成。先织抵肩：从圆的任一位置开始起66针，按抵肩针法图织到内圆（衣领侧）60cm后，将首尾相连接成圆形。然后从抵肩对应位置挑针，前、后片各120针，腋下平加6针（前、后各3针）按花样A针法图往下织，同时在两侧腋下要按腰围减针图进行减针、按下摆加针图进行加针。织到衣长后平收针。

3.袖口从抵肩对应位置上挑起100针，腋下6针（前、后各3针）往下织双针罗纹到3cm后平收针。最后钩织一朵装饰花用手针固定在前胸合适位置上。

花样B针法图

装饰花朵针法图

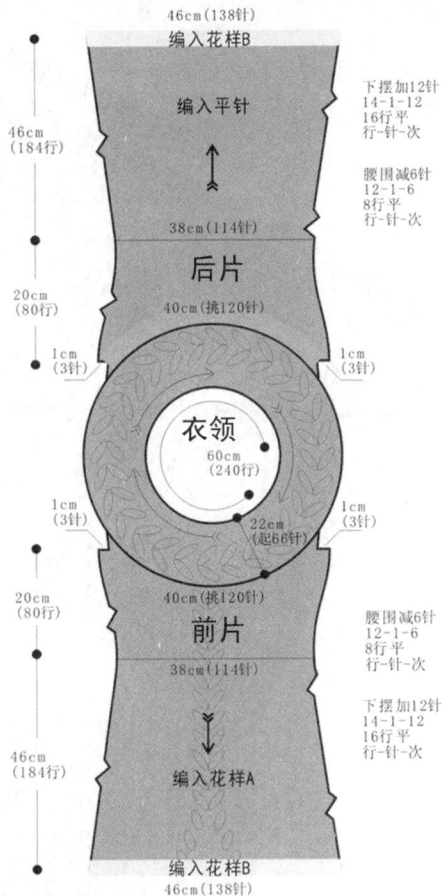

46cm(138针)
编入花样B

编入平针

46cm
(184行)

下摆加12针
14-1-12
16行平
行-针-次

腰围减6针
12-1-6
8行平
行-针-次

38cm(114针)

后片

20cm
(80行)

40cm(挑120针)

1cm
(3针)

1cm
(3针)

衣领
60cm
(240行)

1cm
(3针)

1cm
(3针)

22cm
(起66针)

20cm
(80行)

40cm(挑120针)

前片

腰围减6针
12-1-6
8行平
行-针-次

38cm(114针)

下摆加12针
14-1-12
16行平
行-针-次

46cm
(184行)

编入花样A

编入花样B
46cm(138针)

抵肩的编织

抵肩针法图

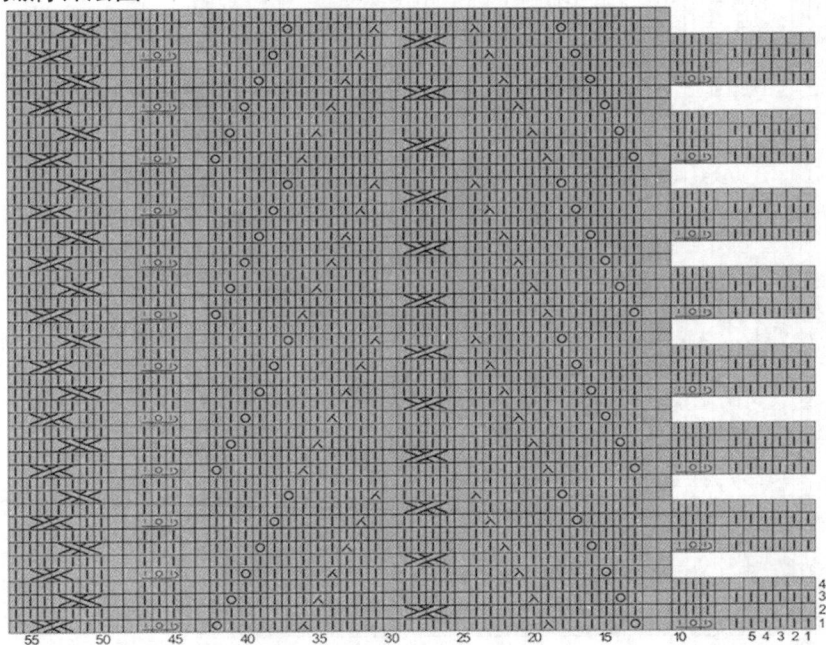

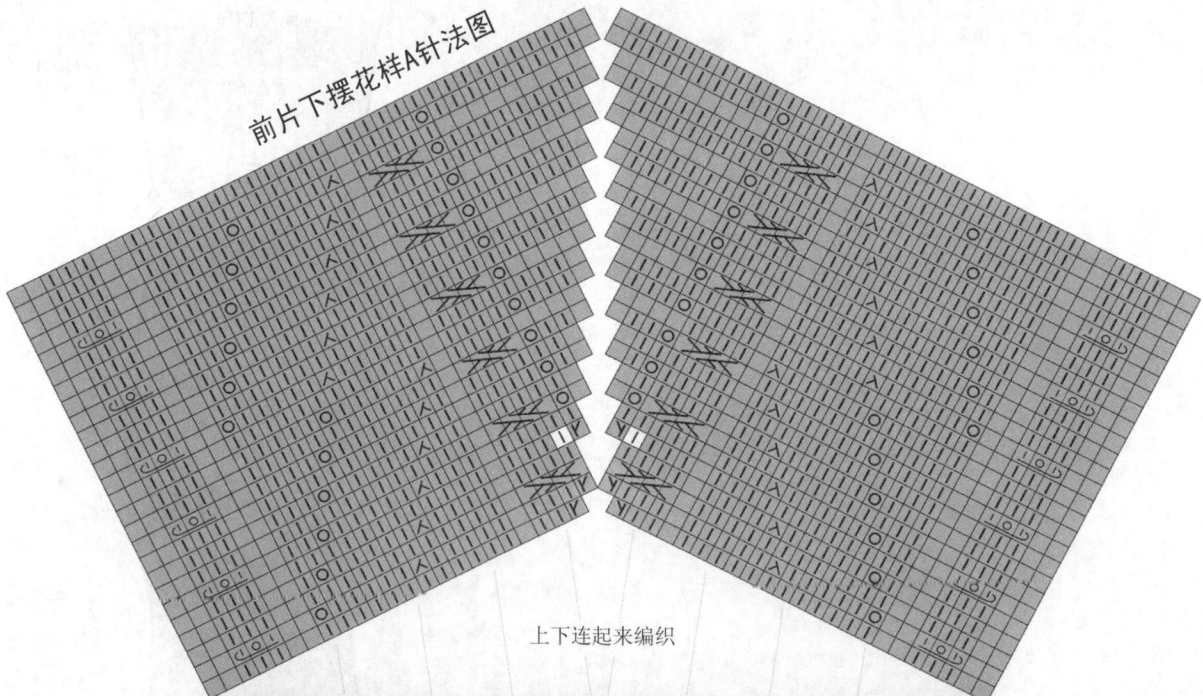

前片下摆花样A针法图

上下连起来编织

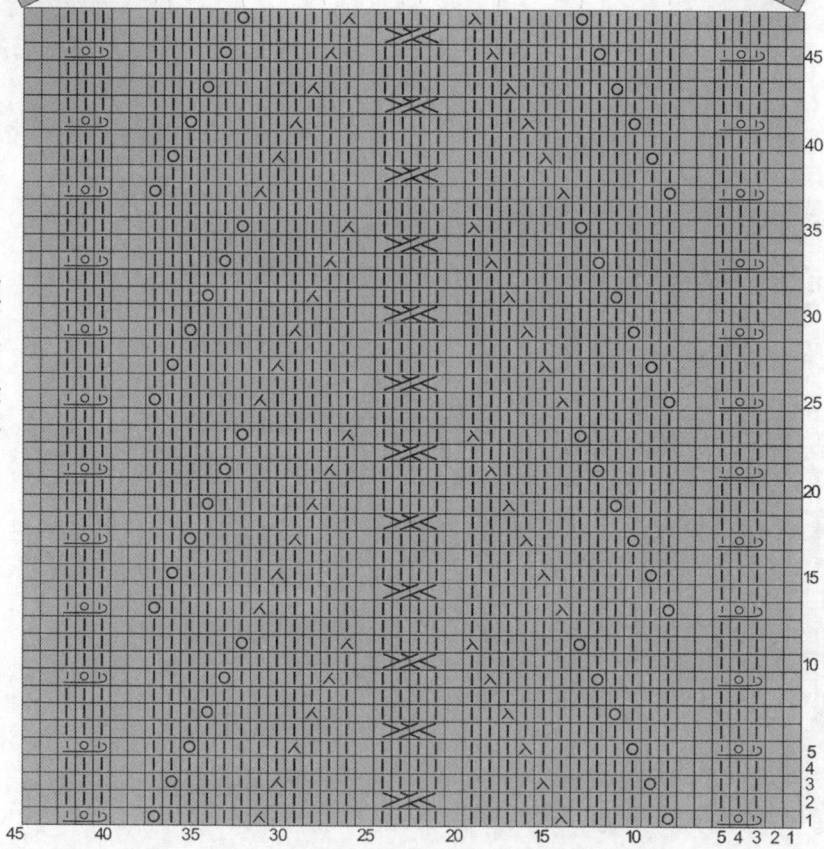

花样A针法图

魅力款个性圆领裙

【成品规格】胸围82cm，衣长85cm，
袖长22cm。
【工　　具】5号棒针
【材　　料】棕红色丝麻线400g
【编织密度】33针×42行=10cm²

制作说明：
1.注意结构图上的不同颜色部分
均与同颜色的针法相对应。衣
服前、后各为1片。袖片为
左右2片。上下两个半圆
只用两根针织，不需要
加减针，只是通过行
数的变化而形成的半圆状。
2. 后片：和前片编织方法基本相同，不同之
处是要按相关针法图收出后袖窿及后领弧
线。
3. 前片：分别由上、下两个半圆形组合
而成。
先织上半部分：按结构图从"起点
一"开始，起65针按花样A针法图织
成一个半圆形。（注意起针方法：
因为起点位置上的针到后来还要
拆开针圈继续往上织。只要先用
别色线钩一根65针的锁针，然
后从每锁针中挑出1针来，呈梯
状进行编织花样A，一直到半
圆形这样当我们解开别色线
时，就可以往另一个方向继
续编织了。）拆开圆半径起针
的65针加原来已织好半个圆
后的65针，共130针，在继
续往上织花样A主体部分的
同时，要按相关针法图收出
袖窿及前领弧线。两肩上的
针留待和后片合并时再用。
再织下半部分：按结构图从
"起点二"开始，同样起65
针织花样A成为一个半圆形
（起针方法同上）。同样是将
半圆形止部分的130针往下
织花样B，为了使裙摆增大在
裙摆的两侧要按相关针法图
逐渐加针，然后往下织到裙长
为止。
4. 袖片：织袖子，从袖口起90
针往上织花样C，注意在袖下线
两侧处按相关图示加针，到袖山
线处再收出袖山斜线。
5. 补角：起3针按补角花样针法图
往上织，注意当加针加到81针时，
再按同样的方法只是将加针换成减
针，减到3针为止（结构图上红色的部
分），然后按结构图连接好相邻的上下两
个半圆部分。最后合并好两侧腋下缝及肩
缝，安装好袖子。在领围挑针按相关针法图
织好衣领。

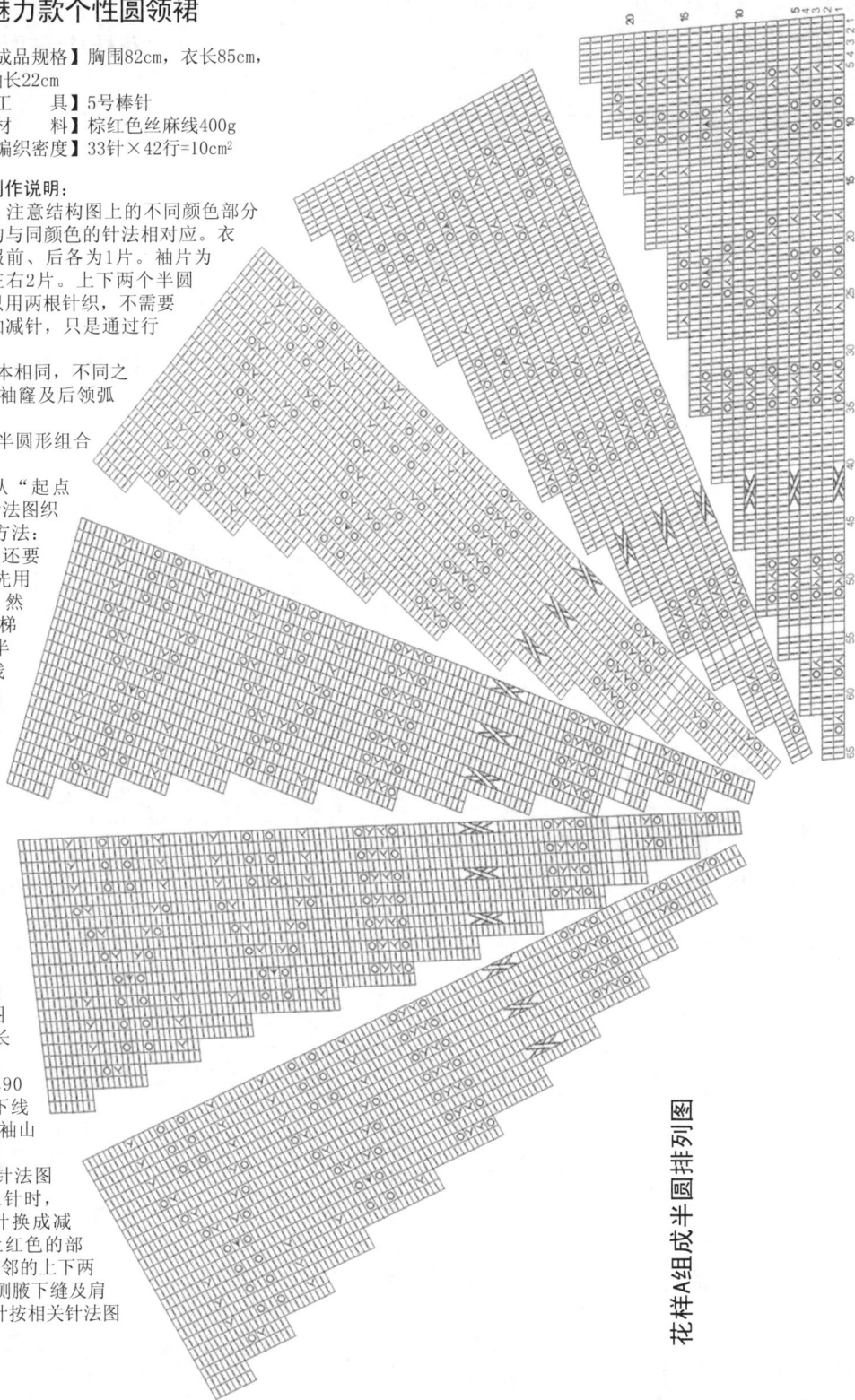

花样A组成半圆排列图

087

符号说明：

- ▬ ▭ 上针
- ⅄ 拨收1针
- ⋏ 中上3针并1针
- ○ 加针
- | 下针
- ⤬ 2针下针右上交叉
- ⋏ 2针并1针
- ↑ 编织方向

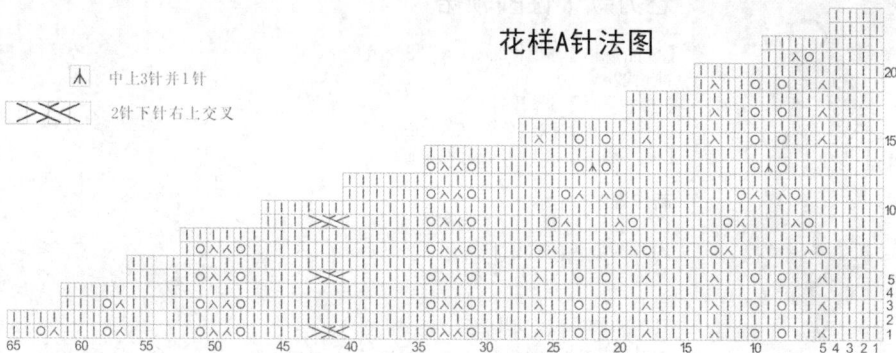

花样A针法图

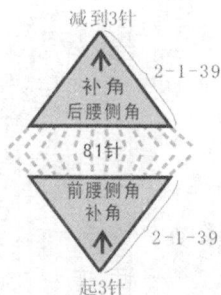

减到3针

补角
后腰侧角 | 2-1-39

81针

前腰侧角
补角 | 2-1-39

起3针

袖片

9.5cm (40行)
12.5cm (54行)

袖下加针
6-1-9
行-针-次

(二片)
33cm(108针)
↑ 编入花样C
25cm(起90针)

袖山减针
2行平
4-1-4
2-2-6
2-3-6
2-4-2
行-针-次
4针停织

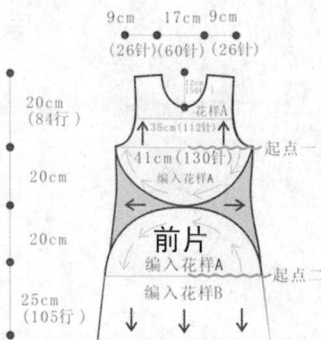

9cm 17cm 9cm
(26针)(60针)(26针)

20cm (84行)
20cm
20cm
25cm (105行)

35cm(112针)
花样A
41cm(130针)
编入花样A
前片
编入花样A
编入花样B
起点一
起点二

臀围线加针
5行平
20-1-5
行-针-次

前袖窿减针
74行平
4-1-1
2-1-1
2-2-2
行-针-次
3针停织

前领减针
12行平
6-1-2
4-1-1
2-1-6
2-2-1
2-3-2
2-6-1
行-针-次
中间11针停织

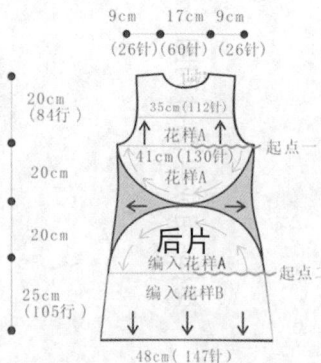

9cm 17cm 9cm
(26针)(60针)(26针)

20cm (84行)
20cm
20cm
25cm (105行)

35cm(112针)
花样A
41cm(130针)
花样A
编入花样A
后片
编入花样B
起点一
起点二

48cm (147针)

臀围线加针
5行平
20-1-5
行-针-次

后袖窿减针
74行平
4-1-1
2-1-1
2-2-2
行-针-次
3针停织

后领减针
2行平
2-3-3
2-6-1
行-针-次
中间42针停织

花样B针法图

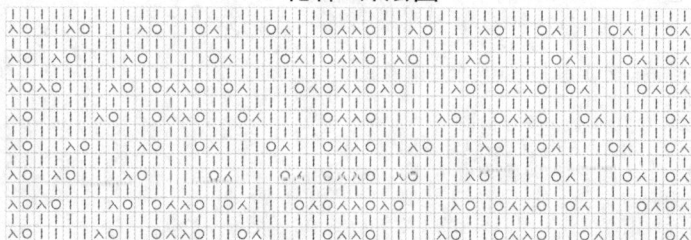

衣领花样针法图

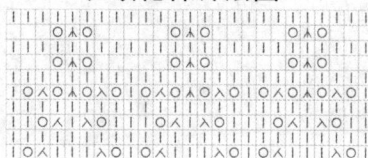

补角花样针法图

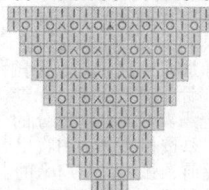

花样C针法图

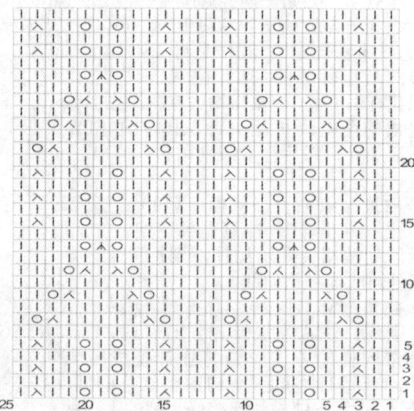

下摆花样针法图

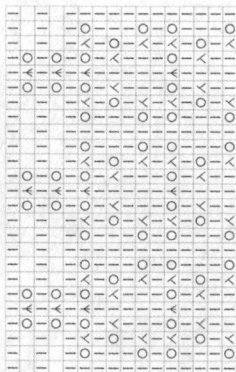

088

宽松版长袖对襟上装

【成品规格】胸围92cm，衣长58cm，袖长52cm
【工　　具】5号棒针
【材　　料】中细羊毛线280g
【编织密度】30针×40行=10cm²

制作说明：
1. 注意结构图上的不同颜色部分均与相同颜色的针法相对应。
2. 衣服由抵肩及前后片组成。先织抵肩：从圆的一侧门襟位置开始起45针，按抵肩针法图织到内圆（衣领侧）60cm（12个单元花）后平收针。然后从抵肩外沿挑出416针，织5cm花样C，然后按结构图分成前、后及左右袖片，前、后腋下各平加6针按花样A、B针法图往下织到下摆织5cm花样C，织到衣长后平收针。
3. 袖口从抵肩对应位置上挑出90针，在腋下前、后各挑6针往下按花样A、B针法图往下织到袖口后织8cm花样C，织到袖长后平收针。

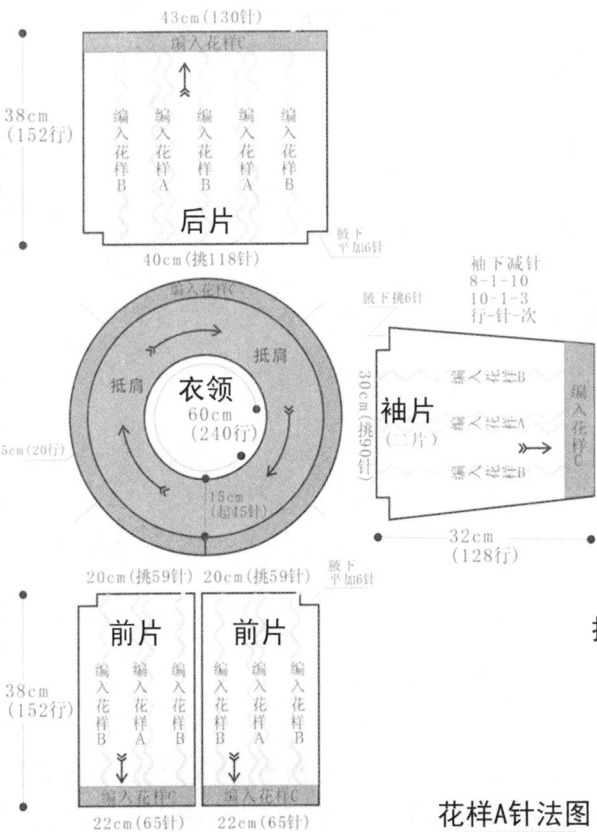

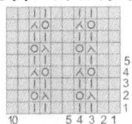

花样C针法图

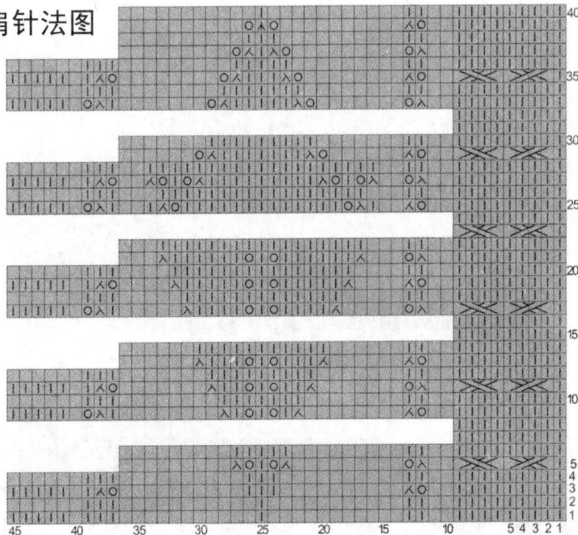

抵肩的编织针法图

抵肩针法图

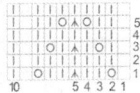

花样A针法图

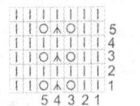

花样B针法图

符号说明：

丨 下针	一 上针
人 2针并1针	○ 加针
入 接收1针	↑ 编织方向
人 中上3针并为1针	
⟩⟨ 2针下针右上交叉	
⟩⟨ 2针下针左上交叉	

淡雅的圆领短袖衫

【成品规格】胸围80cm，衣长68cm，肩袖长26cm
【工　　具】5号棒针
【材　　料】丝棉线秋香绿色250g
【编织密度】27针×40行=10cm²

制作说明：注意结构图上的不同颜色部分均与相同颜色的针法相对应。

后片：和前片一样，只是上面的蓝色部分要织成一个圆形，在中间加装一朵钩织的小花。

前片：先织上面蓝色去掉60°的圆形部分。起针65针，按花样A针法图进行编织。再织下面红色部分，起124针先织8行双针罗纹后再按花样B针法图往上编织。在两侧要按图示减针，织到32cm后，中间停织28针，再分别往上收针，织出能和蓝色圆形吻合的弧线。将蓝、红两部分用手针均匀缝合好。

袖子：按结构图从袖口处起针往上织，起78针，先织8行双针罗纹后再按花样C编织，注意在袖下线两侧要加针，织11cm后再收针使袖山斜线形成。最后合并好前后片的侧缝线并安装好袖子。

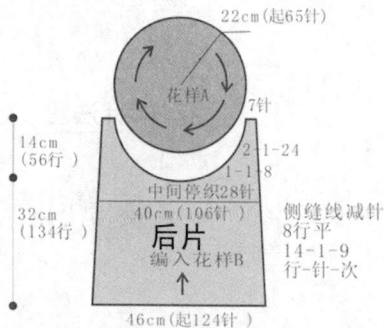

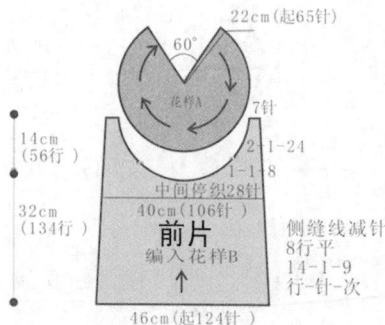

符号说明：

	下针	〇	锁针
一 □	上针	●	引拔针
人	拨收1针	十	长针
入	2针并1针	×	短针
木	中上3针并1针	↑	编织方向
〇	加针		

枣针
（4针长针并为1针）

3针右上交叉

花朵针法图

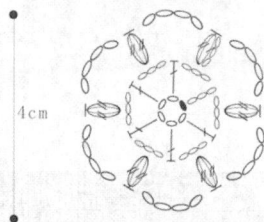

4cm

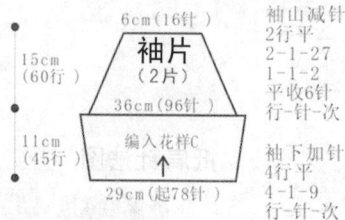

花样A针法图

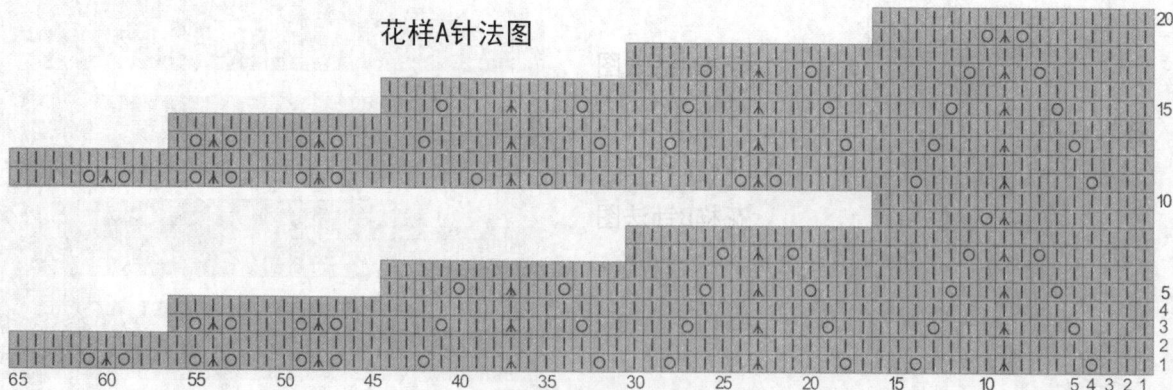

花样C针法图

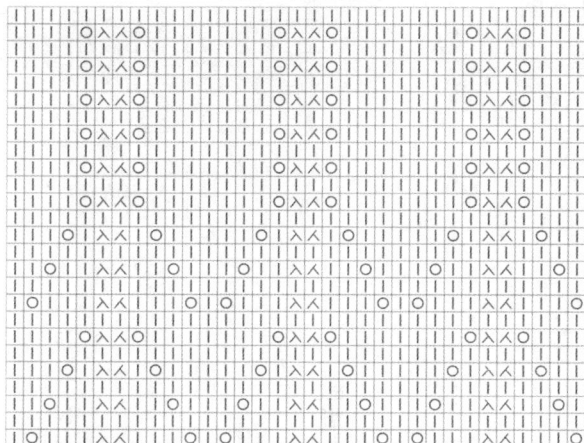

花样B针法图

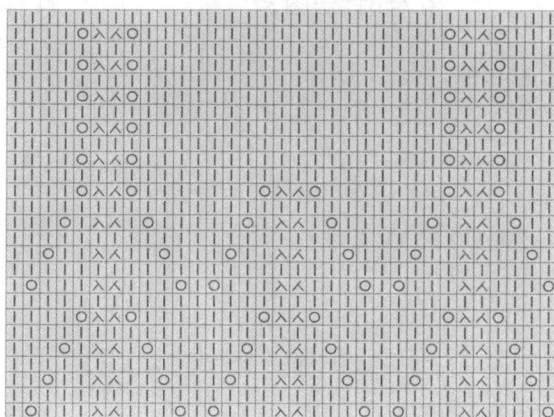

简洁款素雅吊带衫

【成品规格】胸围86cm，衣长64cm
【工　　具】5号棒针
【材　　料】丝棉线秋香绿色250g
【编织密度】30针×40行=10cm²

制作说明：
注意结构图上的不同颜色部分均与相同颜色的针法相对应。
抵肩：先织抵肩（黄色部分），起21针由圆的任意位置开始织花样A。将首尾合并到圆形，然后分别织前、后花样B。花样A和花样B可以同步织，只是要掌握好肩带的高度。
按结构图上橙色部分分别织好两个直径为38cm的大圆形，从中缝对折线对折。分别织好用于补角的4个三角形。按图示相关颜色对应补角。最后在下摆处织10行上针。

符号说明：

↑		编织方向
Ｉ 下针	─ □	上针
人 2针并1针	人	拨收1针
中上3针并1针	O	加针
3针右上交叉		

结构图：

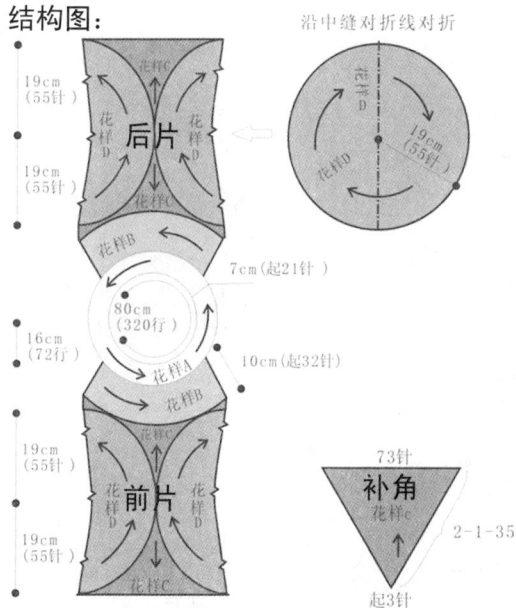

沿中缝对折线对折

花样C针法图

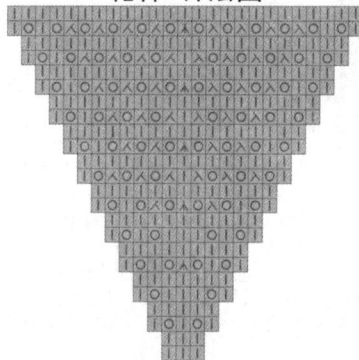

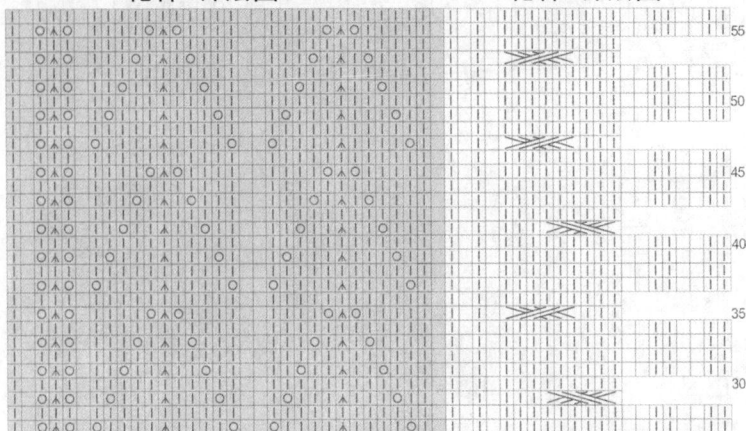

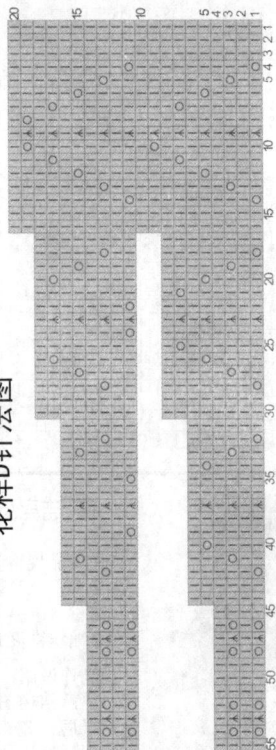

花样D针法图

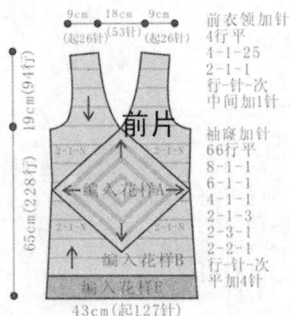

9cm　18cm　9cm
(起26针)(53针)(起26针)

前衣领加针
4行平
4-1-25
2-1-1
行-针-次
中间加1针

19cm(94行)

前片

袖窿加针
66行平
8-1-1
6-1-1
4-1-1
2-1-3
2-3-1
2-2-1
行-针-次
平加4针

编入花样A
编入花样B
编入花样E

65cm(228行)

43cm(起127针)

个性款V领长袖针织衫

【成品规格】胸围86cm, 衣长84cm, 袖长56cm
【工　　具】5号棒针
【材　　料】紫色细羊毛线300g, 蓝色细羊毛线120g
【编织密度】29针×49行=10cm²

制作说明:
1.这件衣服是由蓝色和紫色两种线(3股合成)编织而成的, 配色方案详见相关图示。由两种线进行不同的组合就形成了色彩丰富的紫、蓝及富有动感的深浅渐变色, 给人留下了美的遐想空间。
2.衣服由前、后及袖片组成。前片中心方块起376针织花样A, 采用从外围向中心螺旋片织的方法, 将376针留4针为"茎", 其他分成4等份, 每隔1行在茎的两边各减1针(376-4)÷4=93针, 到最后剩下12针用尾线穿过所有的针圈并抽紧打结。片心中心方块部分起94针按花样A针法图另一侧编织成一个正方形。上部分从肩上起针往下织, 下部分从衣摆起针往上织。当织到和花样A部分相邻处时每隔1行减1针, 减到只剩1针。最后和中间的方块部分连接好。
3.袖子: 按结构图从袖口起80针按相关针法图往上织, 注意在袖下线两侧要按图示加针, 织到45cm后再减针收出袖山。最后将前、后片的腋下两侧缝与前后肩缝分别合并, 安装好袖子。在领围挑针横向织3cm单针罗纹。

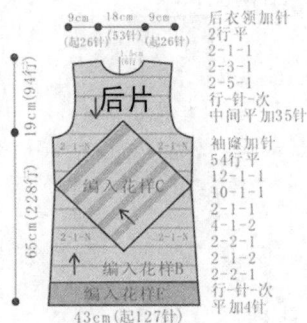

9cm　18cm　9cm
(起26针)(53针)(起26针)

后衣领加针
2行平
2-1-1
2-3-1
2-5-1
行-针-次
平加35针

19cm(94行)

后片

袖窿加针
54行平
12-1-1
10-1-1
2-1-1
4-1-2
2-1-2
2-2-1
行-针-次
平加4针

编入花样C
编入花样B

65cm(228针)

43cm(起127针)

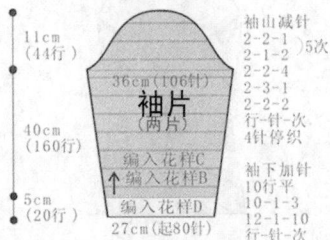

11cm(44行)

袖山减针
2-1-1
2-1-2　5次
2-2-4
2-3-1
2-2-2
行-针-次
4针停织

36cm(106针)

袖片(两片)

40cm(160行)

编入花样C
编入花样B
编入花样D

袖下加针
10行平
10-1-3
12-1-10
行-针-次

5cm(20行)

27cm(起80针)

花样D针法图

1/4花样A针法图

配色方案示意图

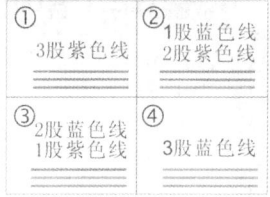

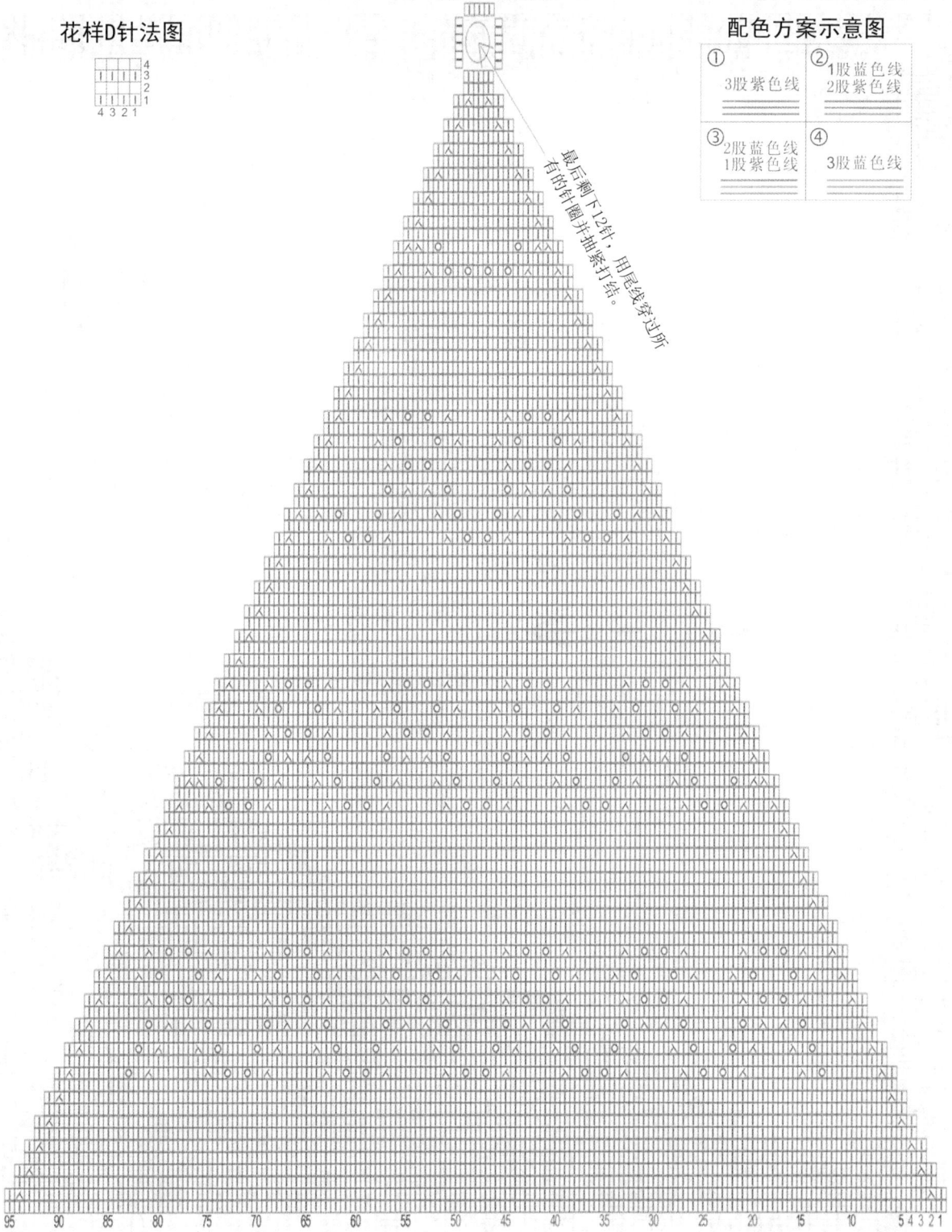

① 3股紫色线

② 1股蓝色线 2股紫色线

③ 2股蓝色线 1股紫色线

④ 3股蓝色线

最后剩下12针，用尾线穿过所有的针圈并抽紧打结。

95 90 85 80 75 70 65 60 55 50 45 40 35 30 25 20 15 10 5 4 3 2 1

花样A呈正方形分布图

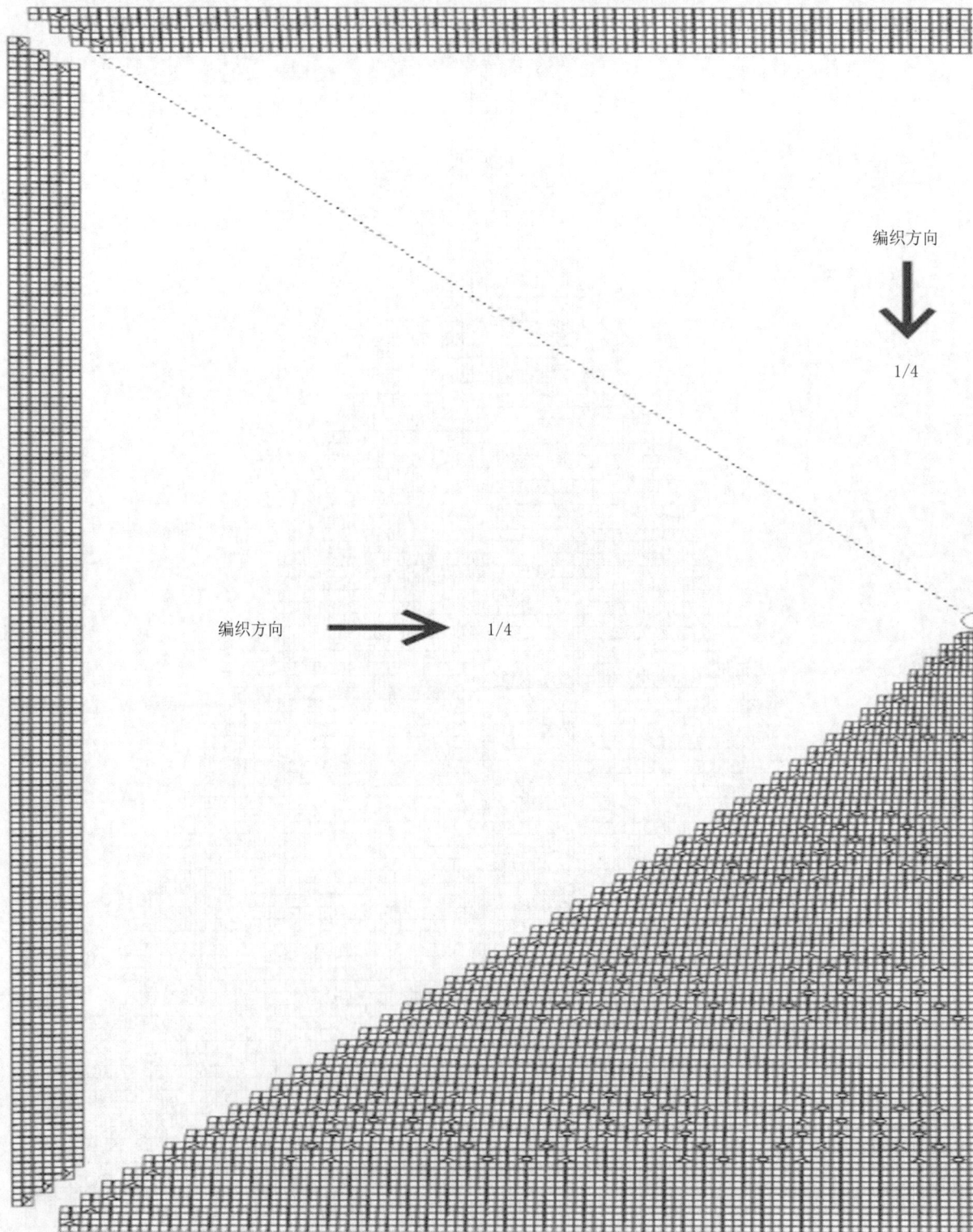

编织方向

↓

1/4

编织方向 → 1/4

1/4 ← 编织方向

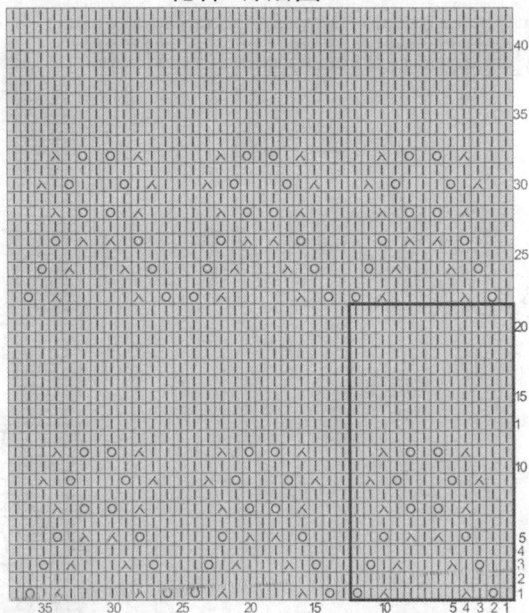

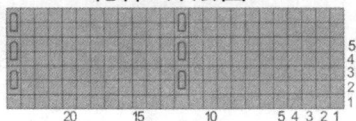

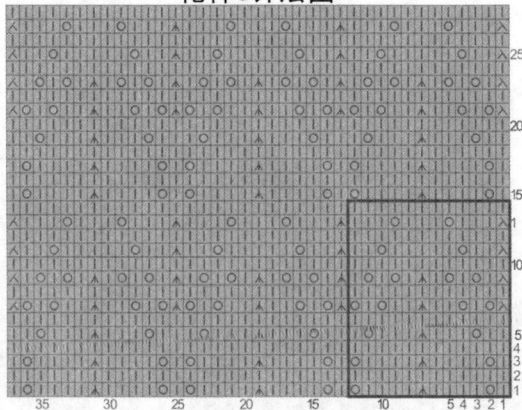

时尚款深V领长袖高腰衣

【成品规格】胸围93cm，衣长56cm，袖长63cm
【工　　具】5号棒针
【材　　料】蓝色丝棉线300g
【编织密度】24针×32行=10cm²

制作说明：注意结构图上的不同颜色部分均与相同颜色的针法相对应。

1. 一个大圆形沿对折线对折后为衣服的一侧。左右两侧则需要两个大圆单元片，将它们的外沿相邻部分合并。然后在上、下各补一个三角形。前面因为是V领，所以只要补齐下面一个三角形。

2. 前片、后片：按结构图从圆的任何位置开始都行。起63针，沿箭头所示方向进行编织花样A。到圆形形成为止，然后合并起止点。

3. 袖片：织袖子，袖子为左右2片。从袖窿处挑针往袖口方向织，挑起120针按花样C进行编织到袖口收针，注意在两侧袖下线按相关图示减针，最后分别织好用于补角的3个三角形。按图示相关颜色对应补齐。在下摆处挑224针往下织10cm双针罗纹。

103针
前下角
花样B
2-1-50
↑
起3针

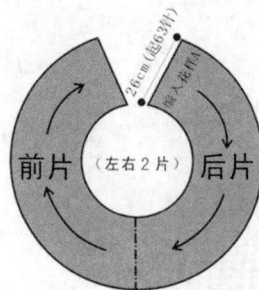

2.6cm(起63针)
（左右2片）
前片　　后片

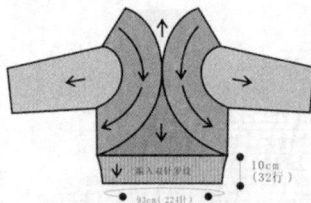

10cm
(32行)
93cm(224针)
编入双针罗纹

51针
后领角
花样B
2-1-24
↑
起3针

91针
后下角
花样B
2-1-44
↑
起3针

符号说明：

I 下针		— 上针	
人 2针并1针		入 拨收1针	
扭针在上2针并1针			
扭针在上拨收1针			
O 加针		↑ 编织方向	

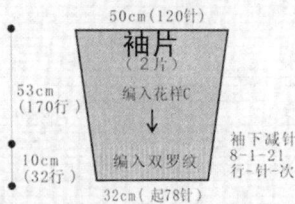

50cm(120针)
袖片
(2片)
编入花样C
↓
编入双罗纹

53cm
(170行)

10cm
(32行)

袖下减针
8-1-21
行-1针-次

32cm(起78针)

花样A针法图

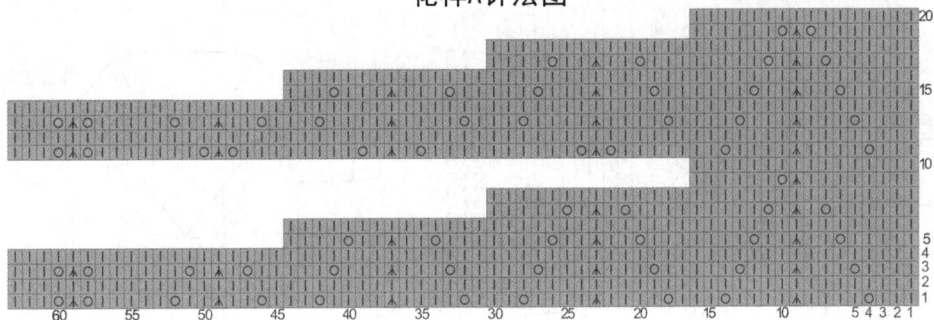

花样C针法图

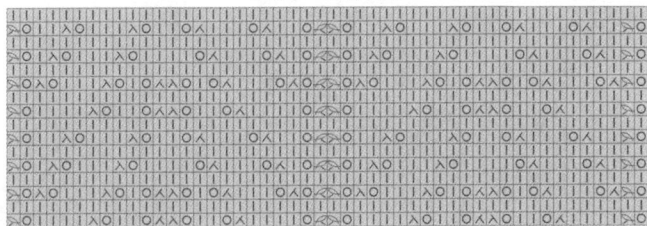

花样B针法图

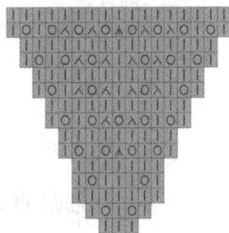

古典的V领黑色毛衣

【成品规格】衣长73cm，胸围90cm，袖长56cm
【工　　具】10号棒针，3.5mm钩针，烫钻若干
【材　　料】丝毛线850g
【编织密度】18针×28行=10cm²

制作说明：

1. 先按照图解编织领子，编织到适合长度后用钩针组合成领子，并钩上花边。

2. 身片：从下往上编织，针数是8的倍数，6针下针，2针上针与6针的麻花交错编织，每隔10行扭一次，编织到腰部时，6个下针也一起扭麻花，大约10mm的掐腰。之后再按照6个下针，2个上针与6针的麻花交错编织，领子的深度与编织好备用的领子长度相同。

3. 袖：袖窿深20mm，在整个衣身编织到60cm时，分别在左右两侧一次加14针，作为袖子，也可以按照自己的喜好决定袖子的长短。

4. 各部位编织完成后，缝合好衣领，前片用烫钻装饰。

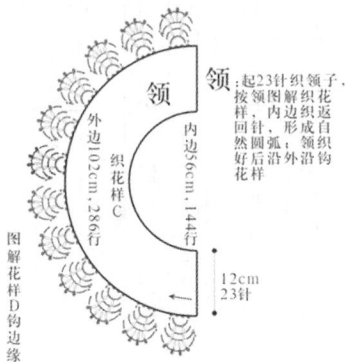

领 起23针织领子，按领图解织花样，内边织返回针，形成自然圆弧；领织好后沿外沿钩花样。

外边织102cm，286行

织花样C

图解花样D钩边缘

领
外边102cm
内边56cm，144行

12cm
23针

符号说明：

○	锁针	□	上针
×	短针	—	
〒	长针	∧	中上3针并1针
∇	狗牙	○	加针

6针交叉，左边3针在上

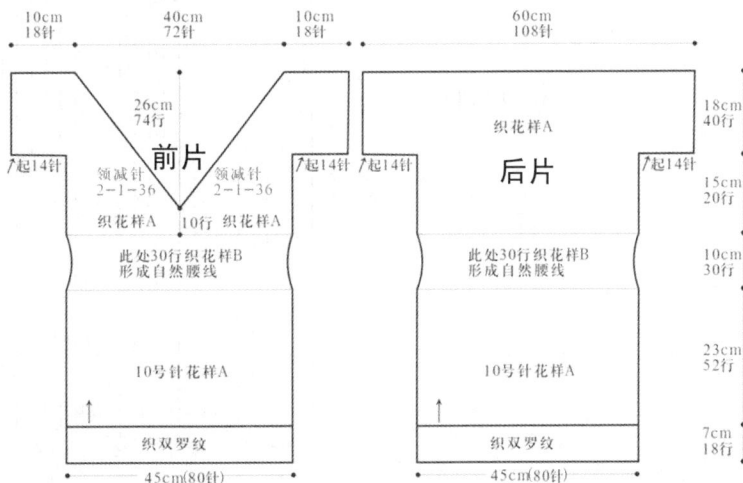

10cm / 18针 　 40cm / 72针 　 10cm / 18针 　 60cm / 108针

26cm / 74行　前片　织花样A　18cm / 40行

领减针 2-1-36　领减针 2-1-36　后片

起14针　织花样A　10行　织花样A　起14针　起14针　15cm / 20行

此处30行织花样B形成自然腰线　此处30行织花样B形成自然腰线　10cm / 30行

10号针花样A　10号针花样A　23cm / 52行

织双罗纹　织双罗纹　7cm / 18行

45cm(80针)　45cm(80针)

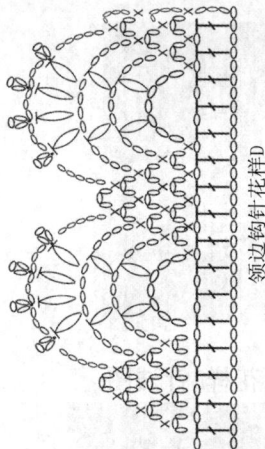

领边钩针花样D

领边钩针花样

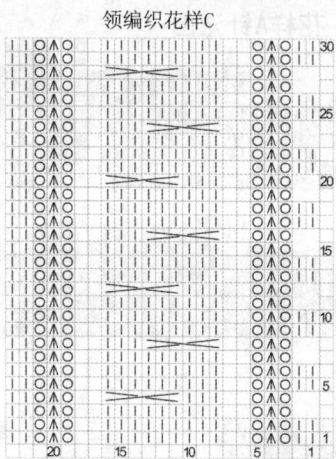

领编织花样C

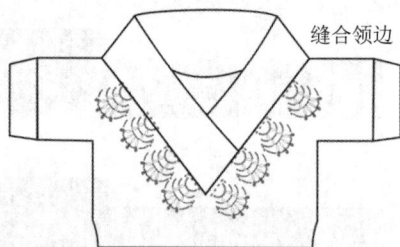

缝合领边

袖口另挑针织
12行双罗纹

30

25

20

15

10

5

1

20 15 10 5 1

袖加针示意图

腰线编织花样B

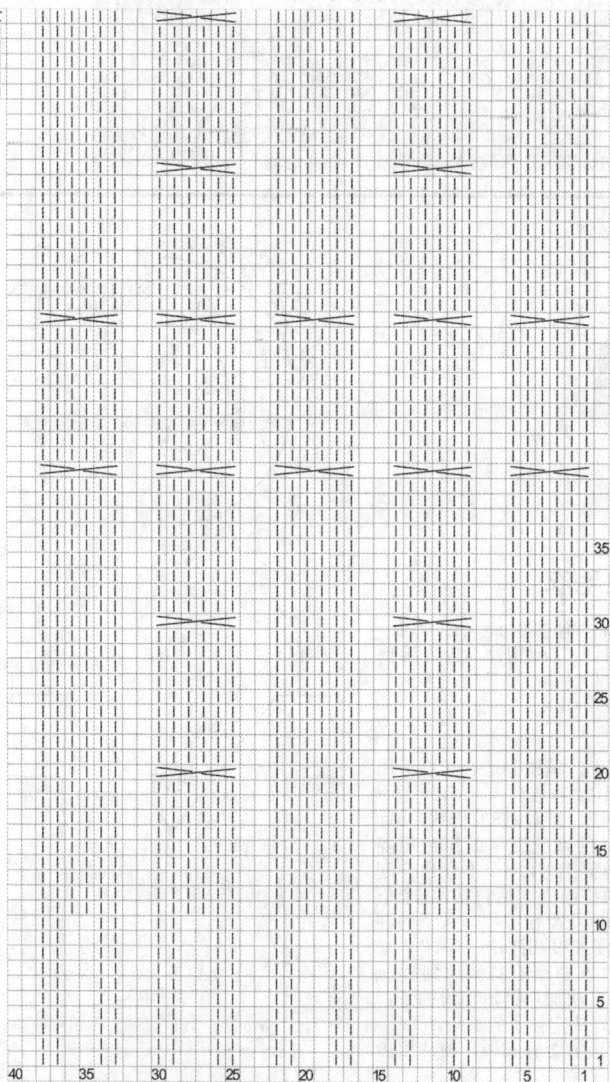

编织花样A

35

30

25

20

15

10

5

1

40 35 30 25 20 15 10 5 1

□ = 一

百搭款褐色连帽上装

【成品规格】胸围88cm，衣长54cm，腰围84cm

【工　　具】4号棒针4根，缝衣针、2mm钩针一副(缝合用)

【材　　料】烟褐色中粗绒线750g

【编织密度】平针部分——19针×20行=10cm² 单罗纹针部分——19针×20行=10cm²

制作说明:

1. 后片:用4号棒针单罗纹起针84针编织6行后，编织4行下针2行上针。如图所示加减针完成袖窝和领窝的编织，完成后片的编织，备用。

2. 前片:用4号棒针单罗纹起针84针编织6行后，编织4行下针2行上针。如图所示加减针完成袖窝和领窝的编织，完成前片的编织，备用。

3. 袖片(2片):用4号棒针单罗纹起针61针编织6行后，编织4行下针2行上针。如图所示加减针完成袖窝的编织，完成袖片的编织。将各片如右下缝合示意图所示缝合起来。再按图示编织领肩的环形并缝合。

4. 帽片(2片):用4号棒针如左图所示的起针和加减针编织好帽子，并与圆领的内侧缝合。帽顶对应位置缝合即成。

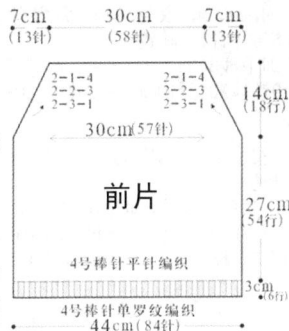

前片

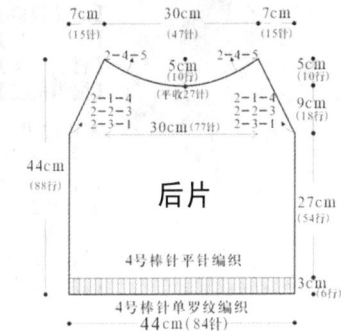

后片

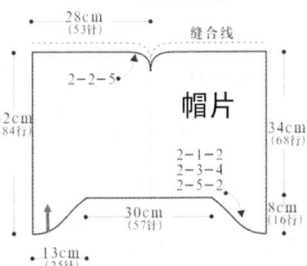

帽片

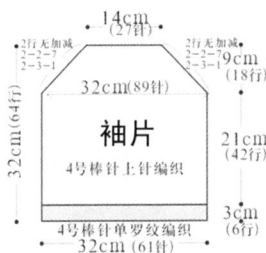

袖片

肩部花样编织

如下图所示花样，起针36针编织肩部的圆环片

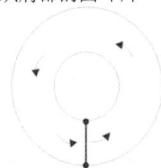

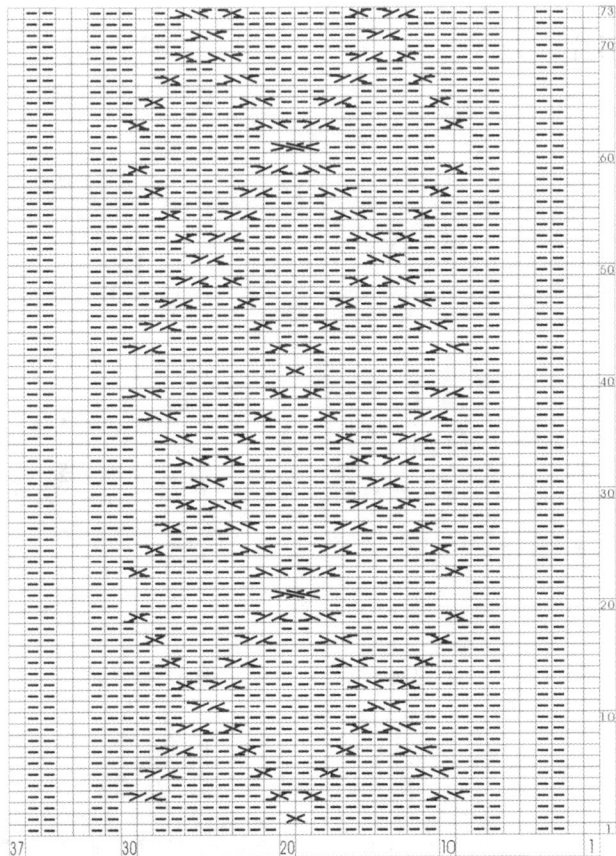

缝合示意图

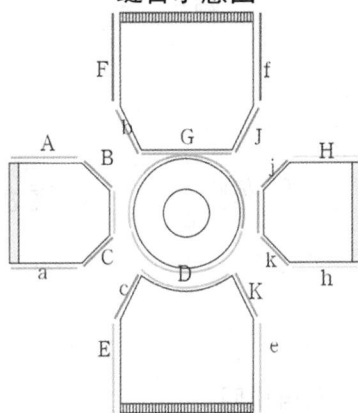

符号说明:

- 右上2针交叉针
- 右上2下针与上针的交叉针
- 左上2下针与上针的交叉针
- 上针
- 下针
- 右上下针与上针的交叉针
- 左上下针与上针的交叉针

高领款菱纹短袖装

【成品规格】胸围96cm，衣长76cm，背肩宽38cm，袖长16cm
【工　　具】5号棒针，3mm钩针
【材　　料】细毛线300g
【编织密度】9针×20行=10cm²　　　19针×20行=10cm²

制作说明：
1. 前后衣片：衣片按花样A钩织，从侧缝开始竖向拼接，留袖窿、领窝，袖窿处按图样补花，前后衣片拼成筒状，拼合肩缝。
2. 袖片2片：从袖口边起针，按袖片钩织图编织，两边收袖山。
3. 底边：前后衣片的底边织在一起，用两根5号棒针编织，起54针，织双罗纹90cm，首尾缝合成环状。
4. 衣领：用4根5号棒针编织，1件，起120针，编织双罗纹30cm，收针。
5. 饰片：用2根5号棒针编织，2件，起24针，织单罗纹30行，收针。
6. 单元花完成后用钩针拼接衣领子、袖子、饰件。

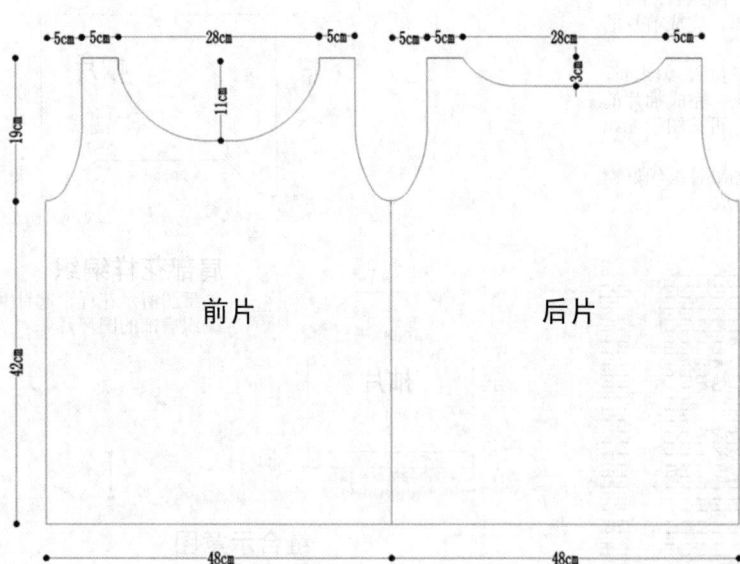

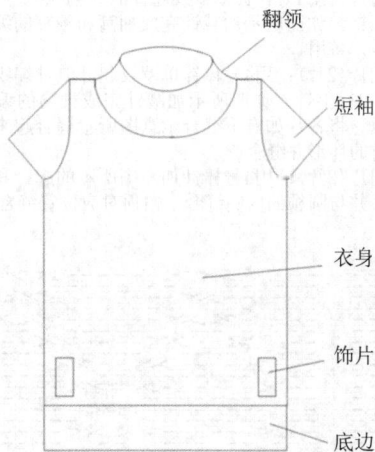

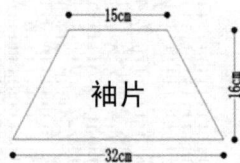

翻领
短袖
衣身
饰片
底边

前片　后片

底边　编织方向

袖片

符号说明：

□ = ⊟　上针
⊡　下针
◠◠　锁针
✝　短针
┃　长针

单罗纹编织图

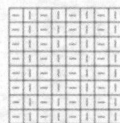

双罗纹编织图

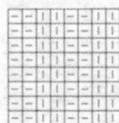

100

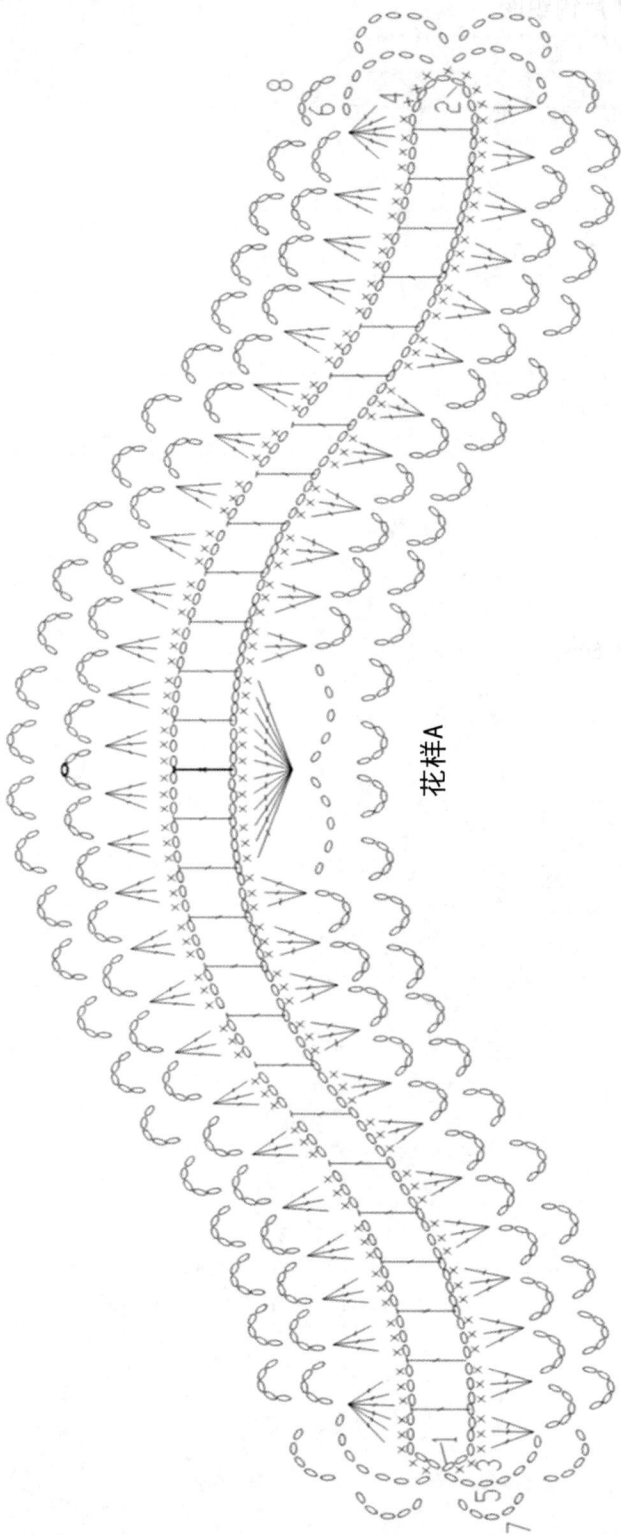

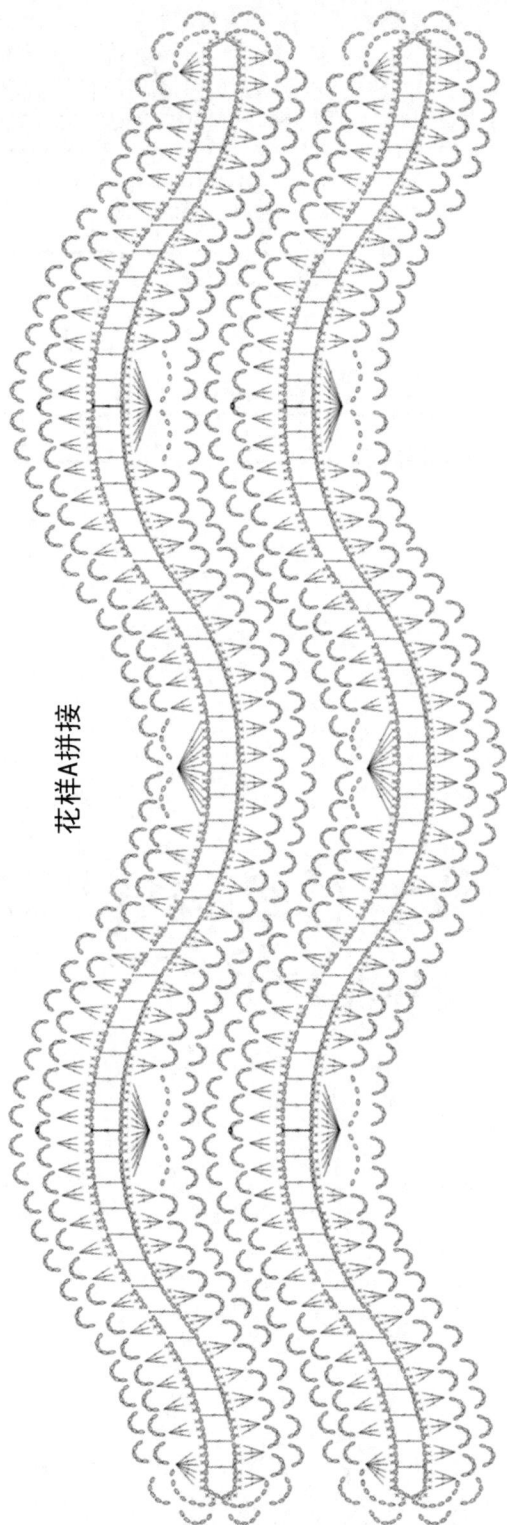

花样A

花样A拼接

袖片钩织图

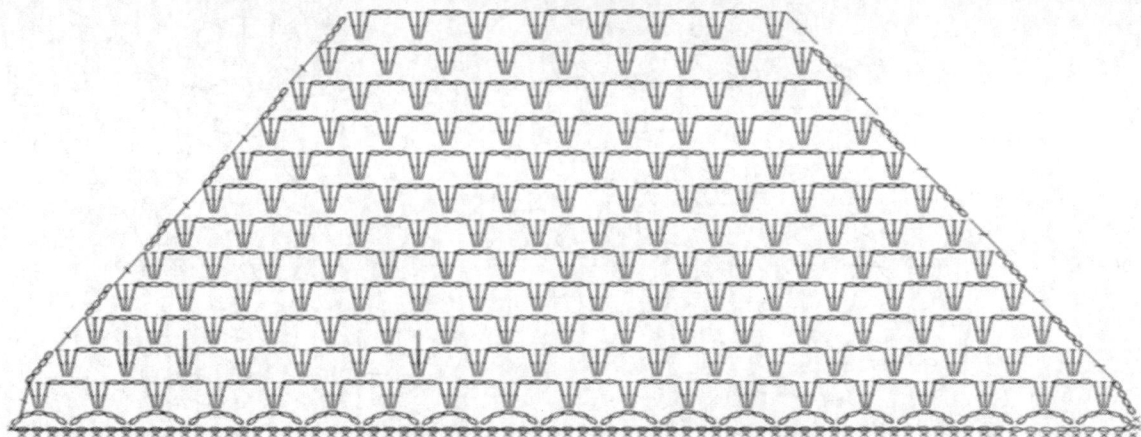

袖窿补花

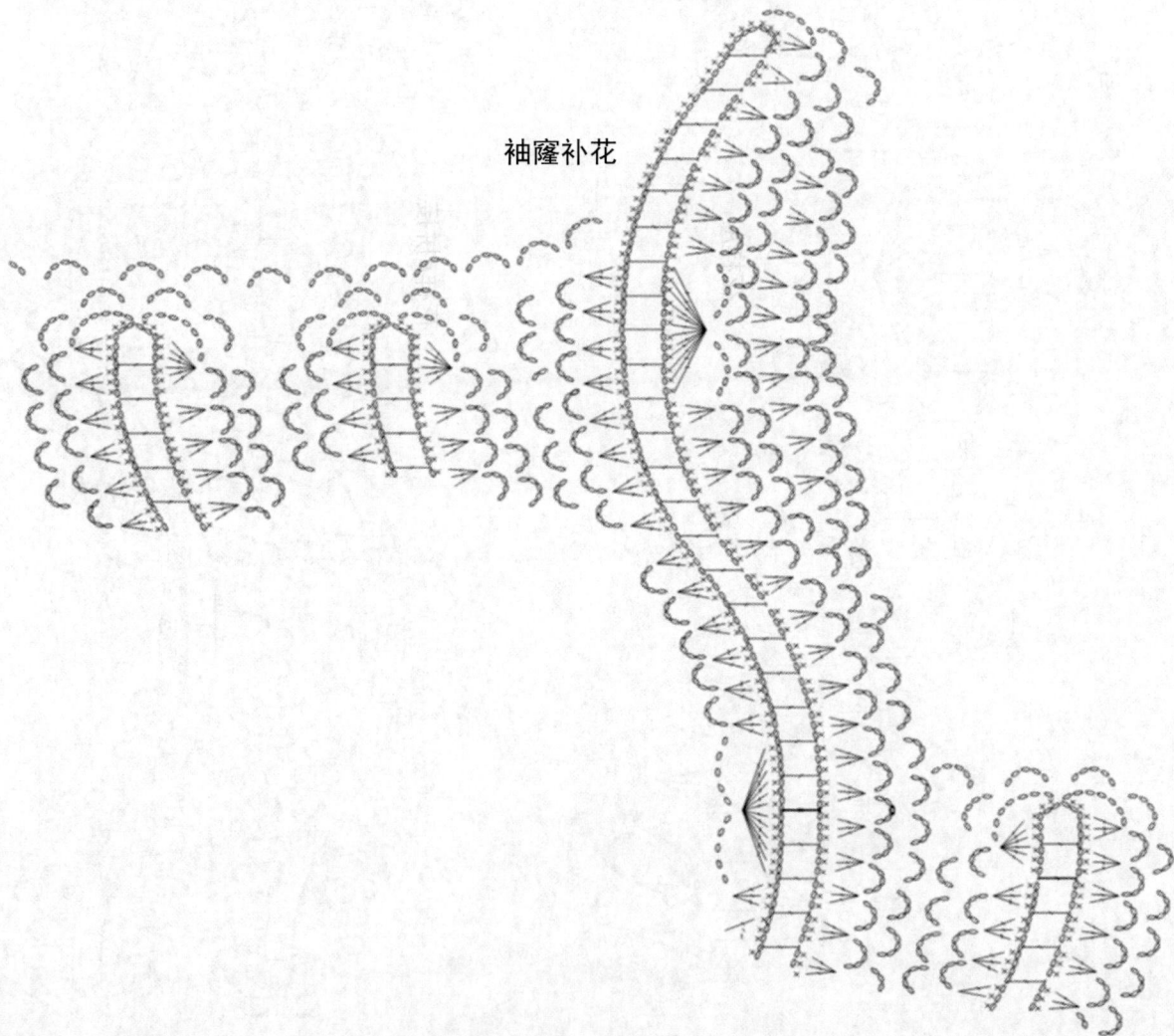

圆领款扇纹短袖针织衫

【成品规格】胸围85cm，衣长57cm
【工　　具】7号棒针
【材　　料】黑色细毛线250g
【编织密度】19针×20行=10cm²

制作说明：

1. 本款可分片编织，衣身也可圈织。前后片各一片，由下摆处起头，按花样向上编织，注意花样的对称排列，按衣样图两侧收针，收斜肩，留领窝。
2. 袖片2片，从袖口处起针，按花样编织，两侧收袖山。
3. 将袖片分别与对应的前后片缝合，该袖片无袖身，缝合至袖底即可。
4. 将缝合后的领圈挑针，编织单罗纹10行，整衣完成。

符号说明：

∣	下针
一	上针
○	加针
⅄	下针2针并1针
⋏	中上3针并1针

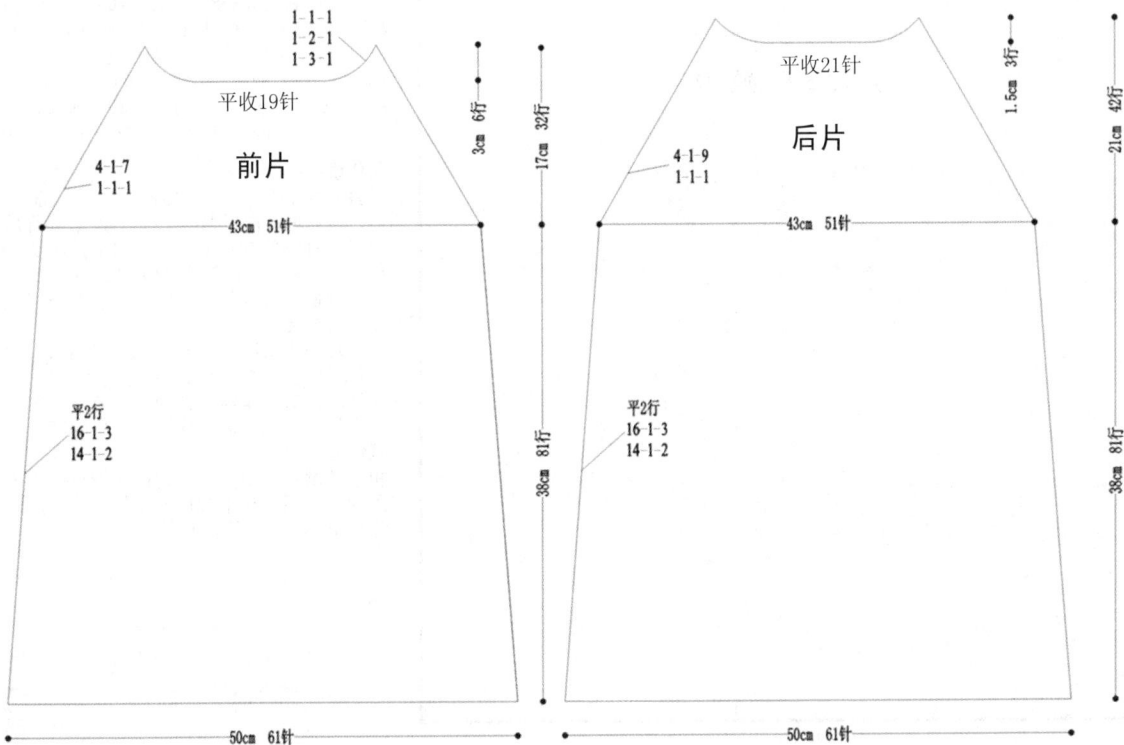

前片

1-1-1
1-2-1
1-3-1

平收19针

4-1-7
1-1-1

43cm 51针

平2行
16-1-3
14-1-2

3cm 6行
17cm 32行
38cm 81行

50cm 61针

后片

平收21针

4-1-9
1-1-1

43cm 51针

平2行
16-1-3
14-1-2

1.5cm 3行
21cm 42行
38cm 81行

50cm 61针

袖片

25cm 31针

3-1-14

23cm 42行

50cm 61针

编织花样 每花12针、13行

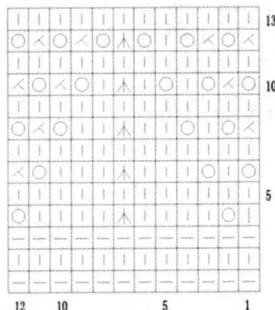

103

前片收肩及领窝图

51　　　　　　　　　　　　　　　　　　　1

后片收肩及领窝图

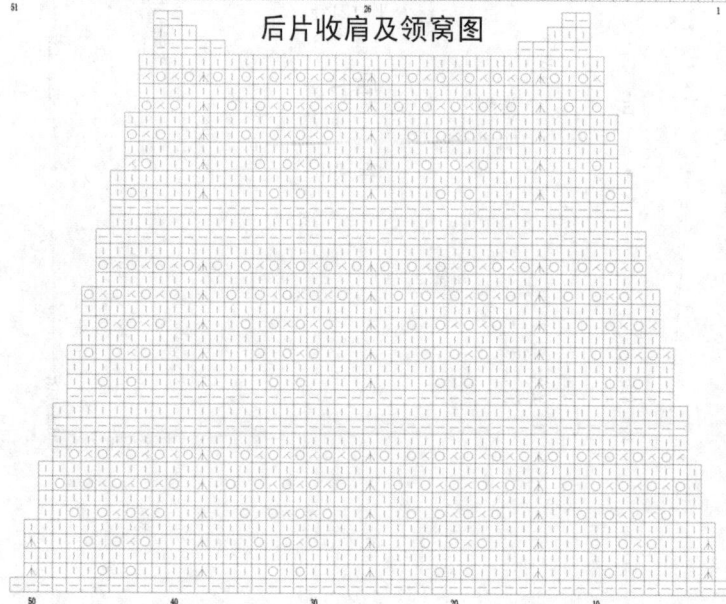

50　　　40　　　30　　　20　　　10

可爱款韩版公主长衣

【成品规格】胸围88cm，衣长108cm，腰围84cm
【工　　具】3号棒针4根、4号棒针4根、缝衣针、
　　　　　　2mm钩针一副(缝合用)，剪刀
【材　　料】烟灰色粗绒线1350g，扣子3颗
【编织密度】花样针部分——20针×20行=10cm²
　　　　　　9针双罗纹针部分——23针×20行=10cm²

制作说明：
后片：3号棒针起针125针。编织同前衣片衣
边，合并成双层后编织下针。编织130行后同前
片以及袖子的针数编织5下针4上针的罗纹针。
编织70行后2针并1针成116针上针编织22行后对
折在内侧缝合成领子。同样方法编织门襟并在
图示位置装好扣子。
前片及袖片(2片)：3号棒针起针72针，编织2下
针1上针的罗纹针。编织86行，备用。另用3号
棒针起针57针编织下针24行后分前后编织口袋
的内里和口袋外的花样针，内里的减针和口袋
减针见下图。
扣子的制作：如下图，钩针先钩出扣子大小的
圆片，然后不加不减钩一圈，将钩好的圆片包
住扣子并逐圈减针。即完成。

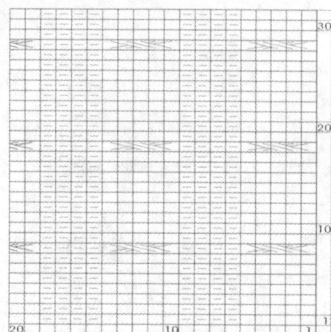

口袋的编织花样

罗纹针法1：

袖子
针法

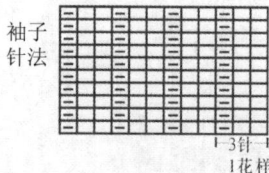

└3针┘
1花样

罗纹针法2：

肩部
针法

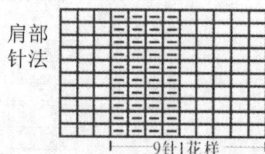

└──9针1花样──┘

符号说明：

右上3针与左2针的交叉针

上针　　　下针

扣子的制作：
如右图，钩针先钩出扣子大小的圆
片，然后不加不减钩一圈，将钩好的
圆片包住扣子并逐圈减针。即完成。

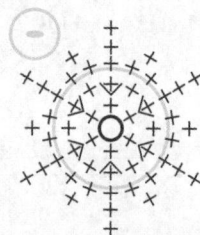

衣右前片的花样编织法：（灰色部分为口袋花样）

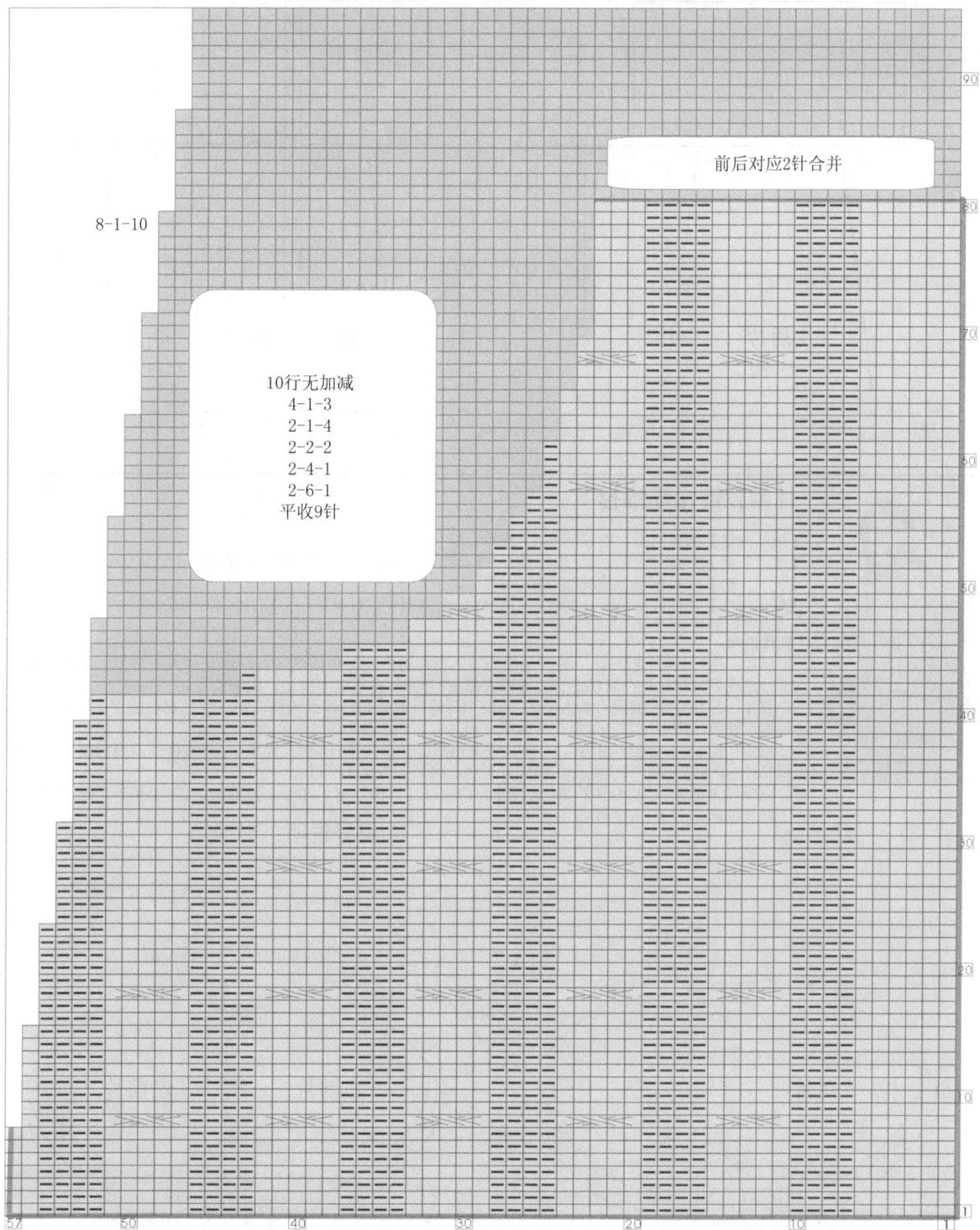

8-1-10

前后对应2针合并

10行无加减
4-1-3
2-1-4
2-2-2
2-4-1
2-6-1
平收9针

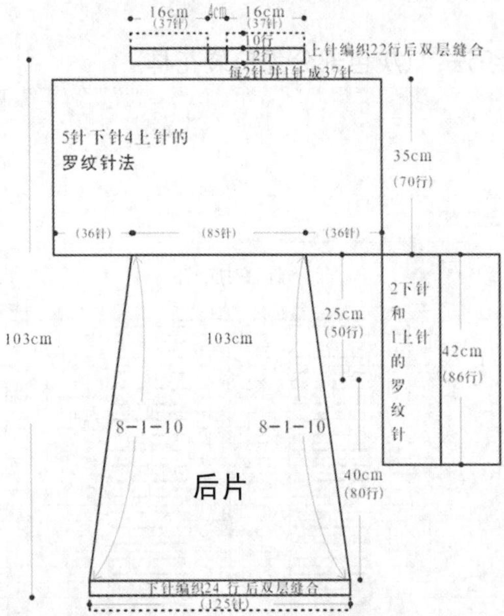
16cm
4cm
16cm
(37针)
(37针)
10行
12行
上针编织22行后双层缝合
每2针并1针成37针
5针下针4上针的
罗纹针法
35cm
(70行)
(36针)
(85针)
(36针)
103cm
103cm
25cm
(50行)
2下针
和
1上针
的
罗
纹
针
42cm
(86行)
8-1-10
8-1-10
后片
40cm
(80行)
下针编织24行后双层缝合
(125针)

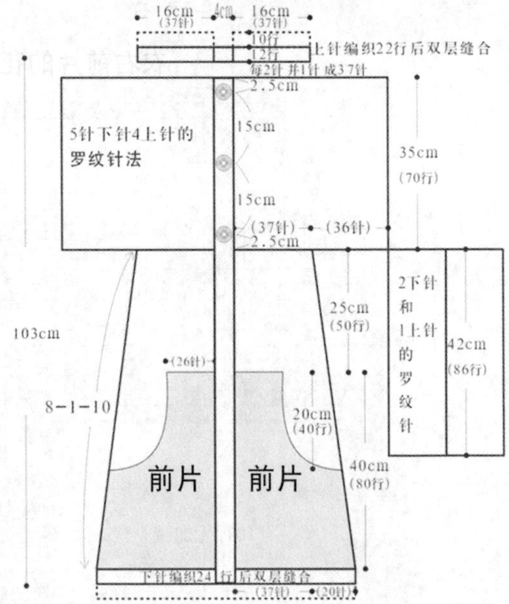
16cm
4cm
16cm
(37针)
(37针)
10行
12行
上针编织22行后双层缝合
每2针并1针成37针
2.5cm
5针下针4上针的
罗纹针法
15cm
35cm
(70行)
15cm
(37针)
(36针)
2.5cm
25cm
(50行)
2下针
和
1上针
的
罗
纹
针
42cm
(86行)
103cm
(26针)
8-1-10
20cm
(40行)
前片
前片
40cm
(80行)
下针编织24行后双层缝合
(37针)
(20针)

031-1 春华秋实

休闲款连帽蝙蝠衫

【成品规格】胸围88cm，衣长58cm，腰围84cm
【工　　具】3号棒针4根、4号棒针4根，缝衣针、2mm钩针一副(缝合用)，剪刀
【材　　料】烟灰色粗绒线650g，扣子4颗
【编织密度】花样针部分——20针×31行=10cm² 　双罗纹针部分——25针×40行=10cm²

制作说明：

1. 后片：用4号棒针起96针，编织花样为左右前片对应图样中间的10针编织花样见图所示。加减针见图所示。完成后将前后片在肩部缝合。并沿衣摆用3号棒针挑织双罗纹边，编织22行。
2. 前片：前片分2片编织，如右下图所示：4号棒针起针43针编织花样，加减针见衣右前片花样编织法。右片编织好后，按相反方向排列花样编织左前片。完成后备用。
3. 帽子：用4号棒针挑织帽子。沿前后领窝挑织，花样为图2所示。完成后用3号棒针沿帽沿挑织双罗纹编织45行后，回到挑针部位缝合，形成双层边。将装饰带从中穿过。
4. 完成以上部分后用3号棒针挑织门襟的双罗纹边。116针编织20行。每隔30针做1个扣眼。缝上帽子和扣子以及绒球。

符号说明：

右针在上的交叉针　右上2下针与下针的交叉针
上针　右上2针下针的交叉针
下针　右上3针下针的交叉针

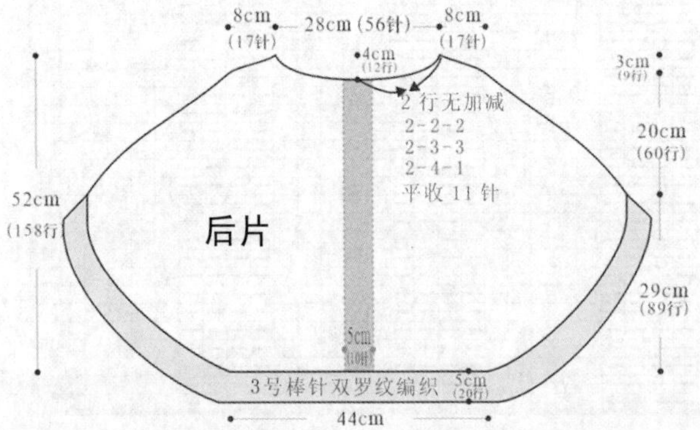
8cm
(17针)
28cm (56针)
8cm
(17针)
4cm
(12行)
2行无加减
2-2-2
2-3-3
2-4-1
平收11针
3cm
(9行)
20cm
(60行)
52cm
(158行)
后片
29cm
(89行)
5cm
(10针)
3号棒针双罗纹编织
5cm
(20行)
44cm

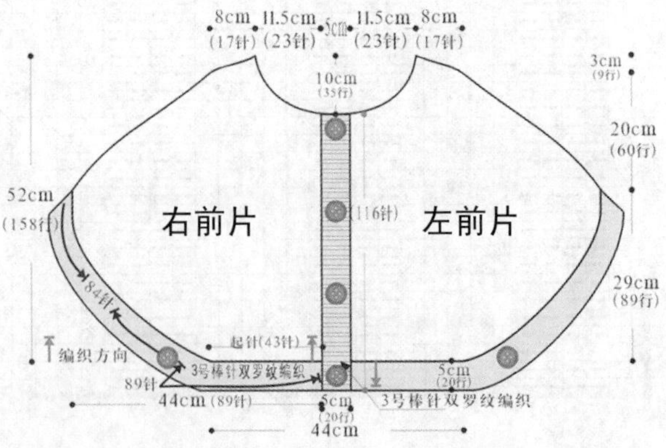
8cm
(17针)
11.5cm
(23针)
5cm
11.5cm
(23针)
8cm
(17针)
3cm
(9行)
10cm
(35行)
20cm
(60行)
52cm
(158行)
右前片
(116针)
左前片
84针
29cm
(89行)
起针(43针)
编织方向
3号棒针双罗纹编织
89针
5cm
(20行)
44cm (89针)
5cm
(20行)
3号棒针双罗纹编织
44cm

后片中的编织花样

后片的编织花样同前片对应，中间同前片多10针
花样见图中标记部分

衣右前片的花样编织法：

（左前片方向相反）

平织2行
2—1—1
2—4—1
2—5—1
2—4—1
2—2—1 ┐
2—1—1 ┘共2次
2—2—12
2—1—1
2—2—3
2—1—1 ┐
2—1—1 ┘共2次
2—1—6
19行 无加减

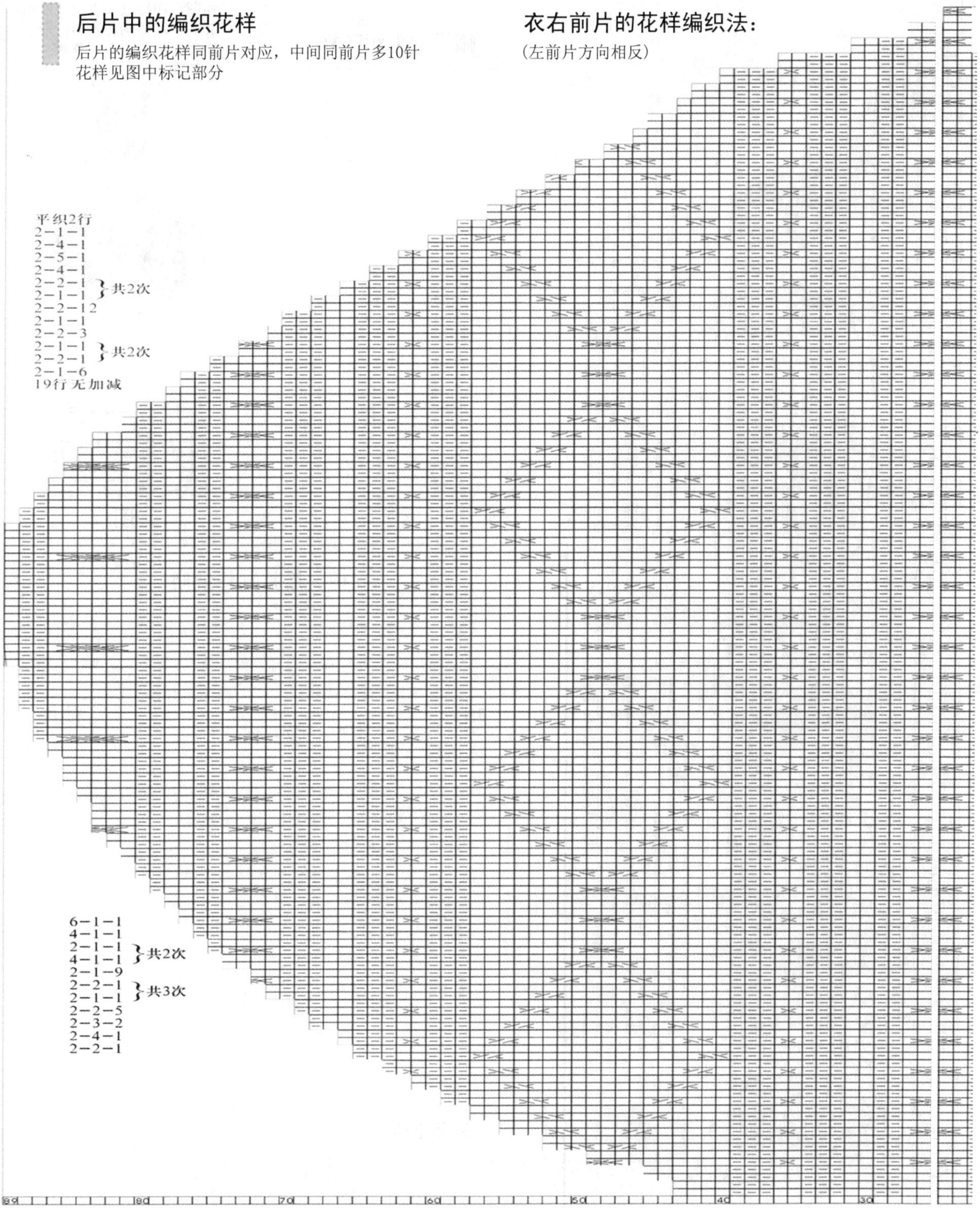

6—1—1
4—1—1
2—1—1 ┐
4—1—1 ┘共2次
2—1—9
2—2—1 ┐
2—1—1 ┘共3次
2—2—5
2—3—2
2—4—1
2—2—1

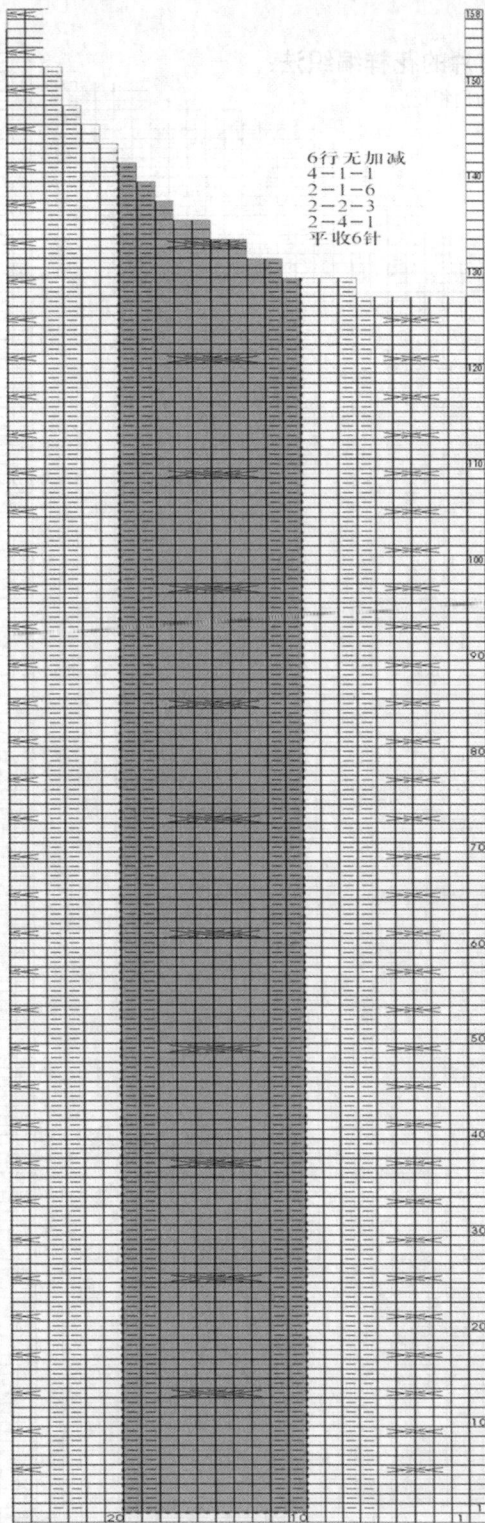

6行无加减
4—1—1
2—1—6
2—2—3
2—4—1
平收6针

帽子的编织花样

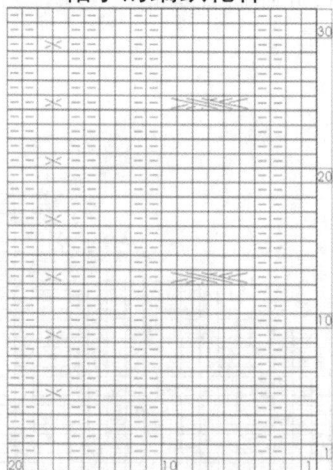

图2

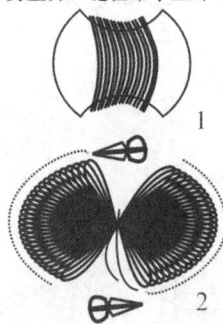

1

2

双罗纹针法

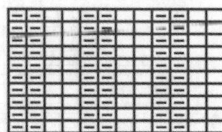

图1

前、后片制作说明

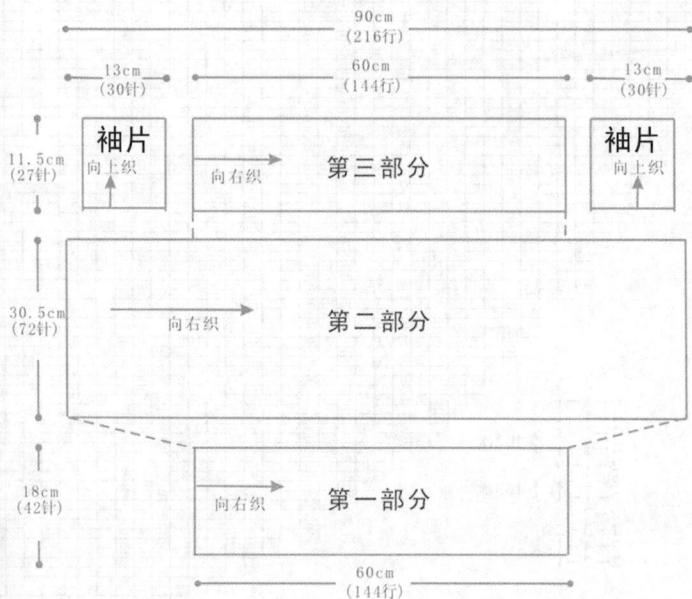

90cm
(216行)

13cm
(30针)

60cm
(144行)

13cm
(30针)

袖片
向上织

向右织　第三部分

袖片
向上织

11.5cm
(27针)

30.5cm
(72针)

向右织　第二部分

18cm
(42针)

向右织　第一部分

60cm
(144行)

符号说明：

□＝□ 上针

回 下针

4针相交叉，左4针在上

4针相交叉，右4针在上

两穿款经典创意毛衣

【成品规格】衣长60cm，胸围
90cm，袖长10cm，肩宽40cm
【工　　具】7号棒针
【材　　料】蓝色羊毛线400g
【编织密度】23.3针×24行=10cm²

制作说明：

1. 衣身片为1片横向编织，
从左侧缝起织，往右编织围
绕身体一周。

2. 先编织前片部分。起141
针，分三部分同时编织，
第一部分腰部42针，不加减
针，间隔编织1行下针、1行上针，一直织到144行。第
二部分衣身72针，先织60针上针，再编织12针棒绞花
样，详解见图解1，第二部分每编织4行，加织2行，第
七行起再与第一部分一起编织，如此共织216行。第三
部分衣领编织，在衣身织到第37行时，在左侧边加起
27针，间隔编织1行下针、1行上针，不加减针共织144
行。从第145行起，与
衣身分开单独编织，织
8行后，即第三部分的
共织152行，再与第二
部分的第217行及第一
部分的第145行结合一
起编织后片，后片编织
方法与前片相同，织完
后与前片一起缝合。

3. 挑织两个袖子，挑60
针双罗纹圈织，织10cm
后，收针断线。

图1前、后片花样图解

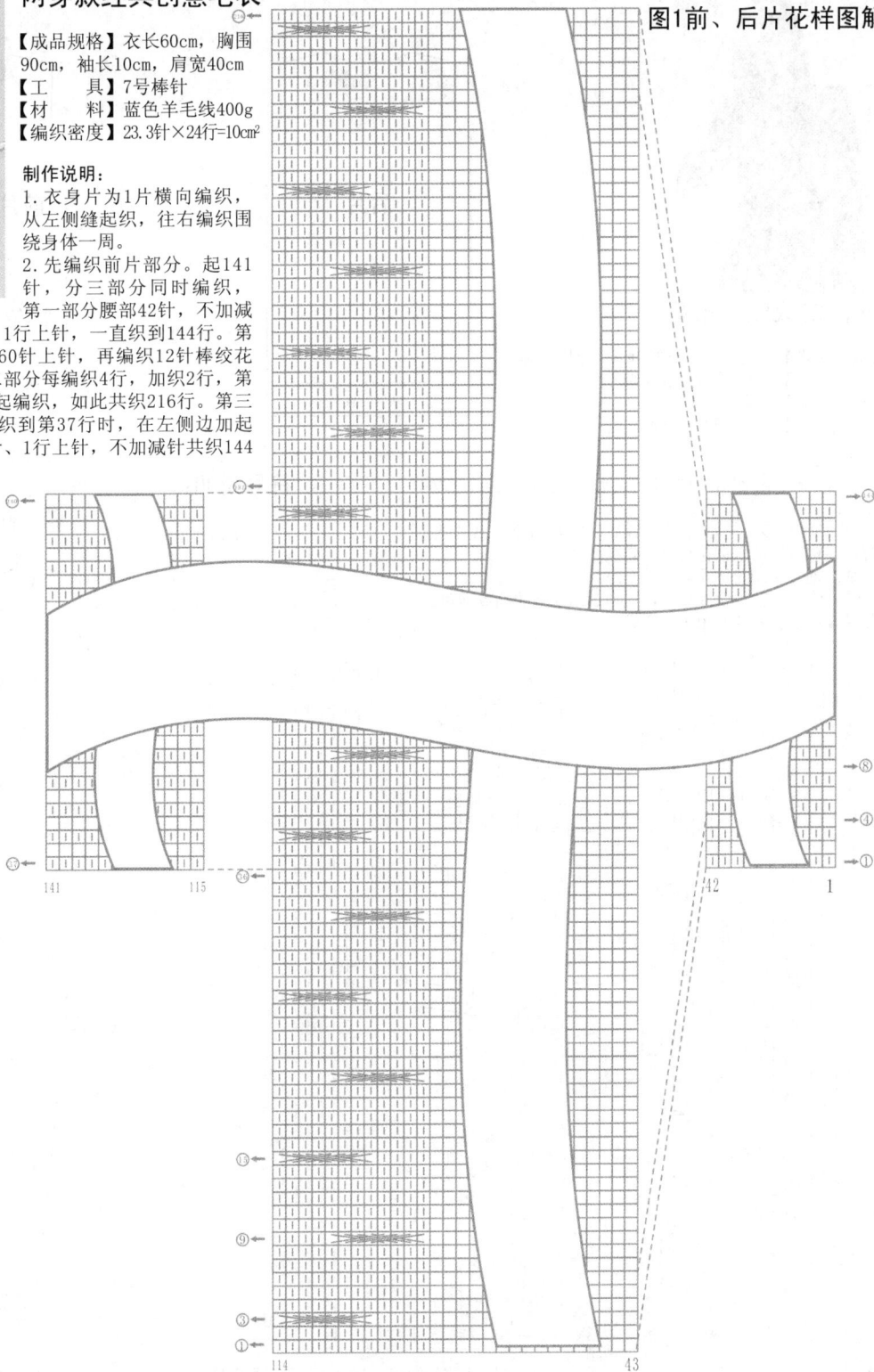

109

时尚的成熟排扣装

【成品规格】衣长73cm，胸围90cm，袖长56cm
【工　　具】10号棒针、纽扣8颗
【材　　料】藏蓝色毛线1250g
【编织密度】21针×22行=10cm²

制作说明：

1. 后片：起96针织6行单罗纹后织水草花18行为边，上边开始织组合花样。
2. 前片：开衫，开始部分同后片，前片组合花样参照图解，门襟所织的水草花与身片同织。
3. 袖：袖片所织花样同前片。
4. 领：沿领窝挑针织水草花，织到自己喜欢的高度即可。
5. 完成：缝合各片及扣子，完成。

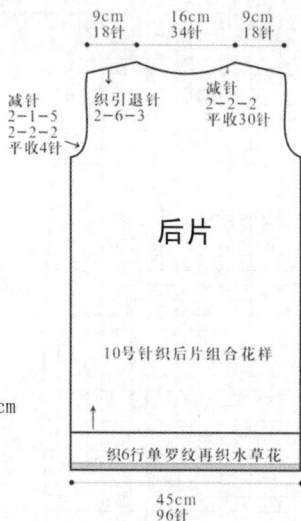

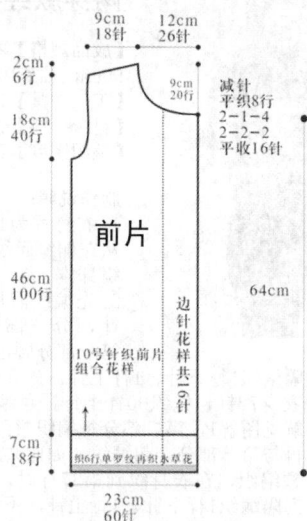

后片

9cm 18针 | 16cm 34针 | 9cm 18针

减针
2-1-5
2-2-2
平收4针

织引退针
2-6-3

减针
2-2-2
平收30针

10号针织后片组合花样

织6行单罗纹再织水草花

45cm
96针

前片

9cm 18针 | 12cm 26针

2cm 6行

18cm 40行

9cm 20行

减针
平织8行
2-1-4
2-2-2
平收16针

46cm 100行

10号针织前片组合花样

边针花样共16针

64cm

7cm 18行

织6行单罗纹再织水草花

23cm
60针

符号说明：

□＝＝□ 下针

⟱ 3针并1针再放3针

◢◣ 4针交叉，左边3针在上面

◣◢ 4针交叉，右边3针在上面

◢◣ 8针交叉，左边4针在上面

领

沿领窝挑针.织法同底边

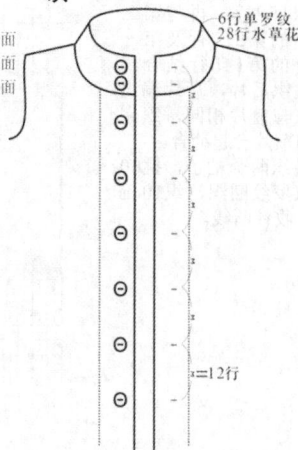

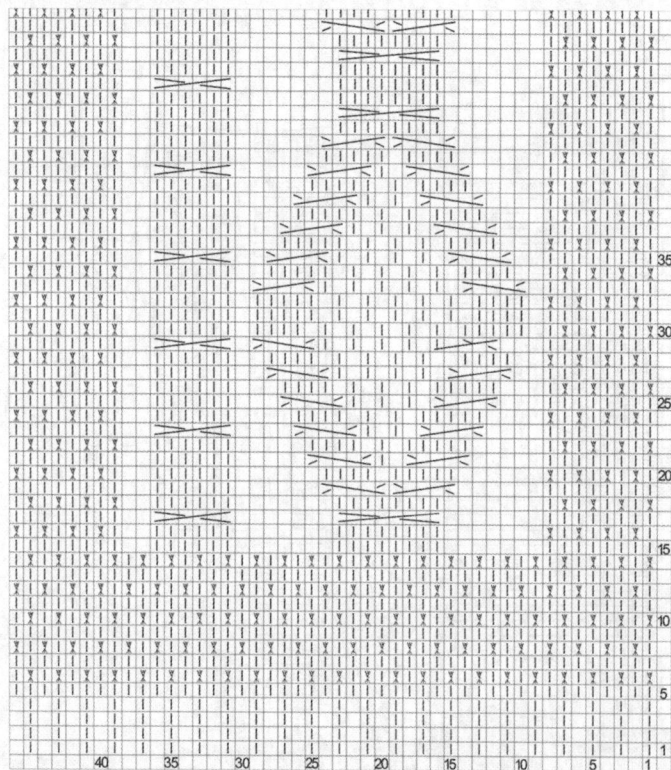

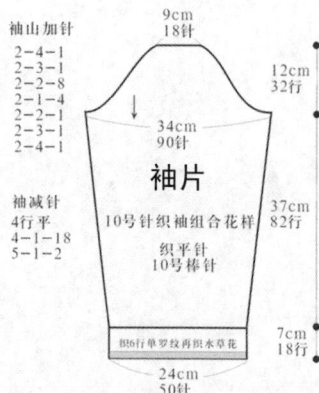

6行单罗纹
28行水草花

1＝12行

前片中心　前片编织花样　门襟　领织花样

袖片

袖山加针
2-4-1
2-3-1
2-2-8
2-1-4
2-2-1
2-3-1
2-4-1

9cm 18针

34cm 90针

12cm 32行

袖减针
4行平
4-1-18
5-1-2

10号针织袖组合花样

织平针
10号棒针

37cm 82行

7cm 18行

24cm
50针

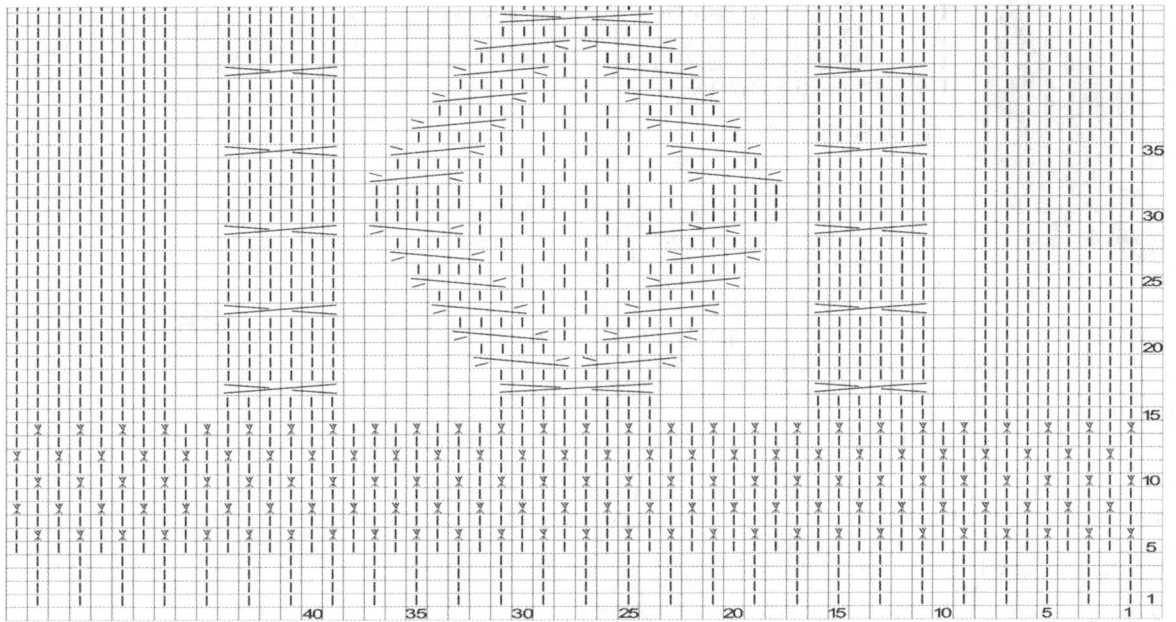

袖花样   ↓袖中心

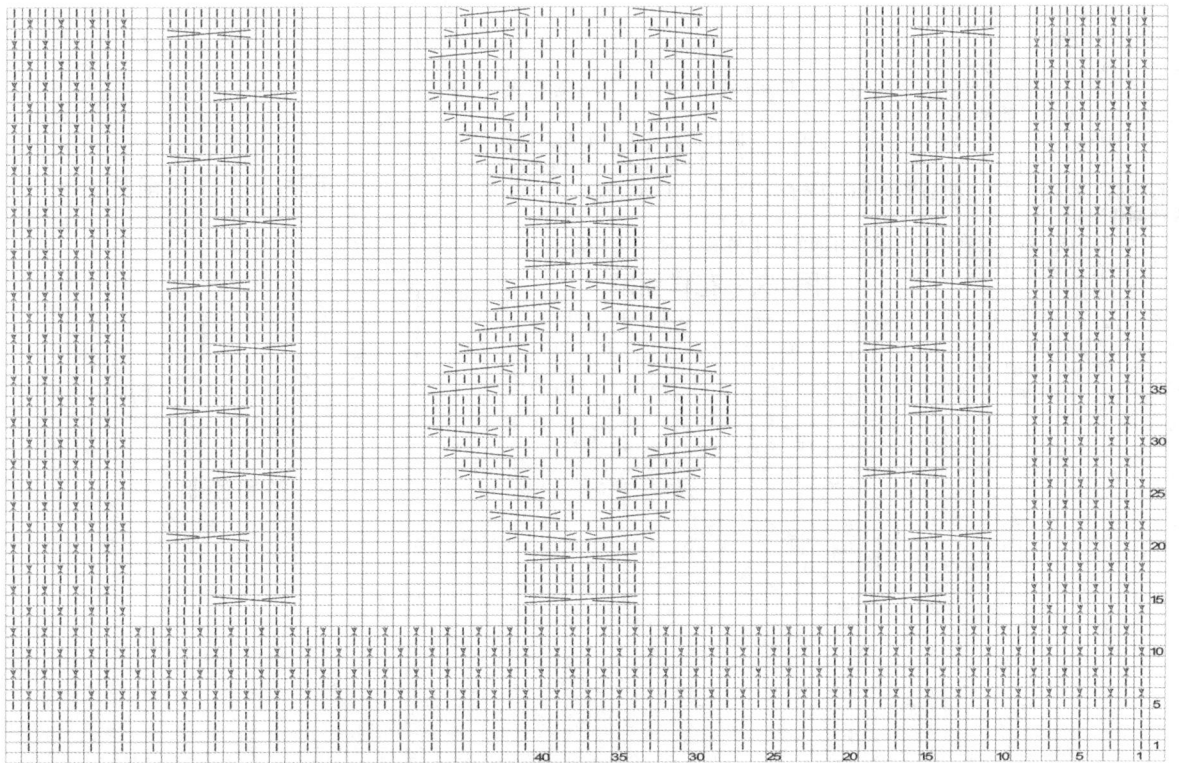

后片中心
后片编织花样

修身款小巧连扣装

【成品规格】衣长55cm，胸围88cm，袖长15cm，肩宽30cm
【工　　具】5号棒针
【材　　料】绿色棉线400g，扣子5颗
【编织密度】22针×24行=10cm²

后片制作说明：
1.后片为1片编织，从衣摆起织，往上编织至肩部。
2.先编织后片，起146针编织双罗纹针，共编织30行后，从第31行开始编织花样，每12针28行为一单元花样，花样的分布详解见图解2。织36cm高后，开始袖窿减针，方法顺序为1-3-1，1-1-2，2-1-18，后片的袖窿减少针数为23针。减针后，不加减针往上编织19cm的高度后，从织片的中间留58针不织，可以收针，亦可以留作编织衣领连接，可用防解别针锁住，两侧余下的针数，衣领侧减针，方法为1-1-1，2-1-1，最后两侧的针数余下19针，收针断线。

前片制作说明：
1.前片分为2片编织，左片和右片各1片，花样对应方向相反。
2.起织与后片相同，前片起68针后，先编织30行双罗纹针，继续往上编织衣身，花样与后片相同，袖窿减针方法顺序与后片相同。织至40cm高度时，开始前衣领减针，减针方法顺序为：1-3-1，2-2-6，2-1-2，4-1-9，最后余下19针，织至55cm，共202行。详细编织图解见图1。
3.同样的方法再编织另一前片，完成后，将两前片的侧缝与后片的侧缝对应缝合，再将两肩部对应缝合。
4.在前片衣襟处挑织衣襟，挑织10行，挑出的针数，要比衣领沿边的针数稍多些，最后在一侧前片钉上扣子。不钉扣子的一侧，要制作相应数目的扣眼，扣眼的编织方法为，在当行收起数针，在下1行重起这些针数，这些针数两侧正常编织。

衣袖片制作说明：
1.2片衣袖片，分别单独编织。
2.从袖口起织，起110针编织双罗纹花样，不加减针织10行后，开始如图3编织花样，织4行后开始袖山减针。
3.袖山的编织：从第1行起要减针编织，两侧同时减针，减针方法如图，依次1-3-1，1-1-2，2-1-28，2-2-1，2-3-1，2-6-1，最后留下24针，收针断线。
5.将两袖片的袖山与衣身的袖窿线边对应缝合，再缝合袖片的侧缝。

衣领制作说明：
1.1片编织完成。衣领是在前后片缝合好的前提下起编的。
2.沿着衣领边挑针起织，挑出的针数，要比衣领沿边的针数稍多些，然后按照图4的花样分布，起织，共编织36行后，收针断线。

图4衣领花样图解

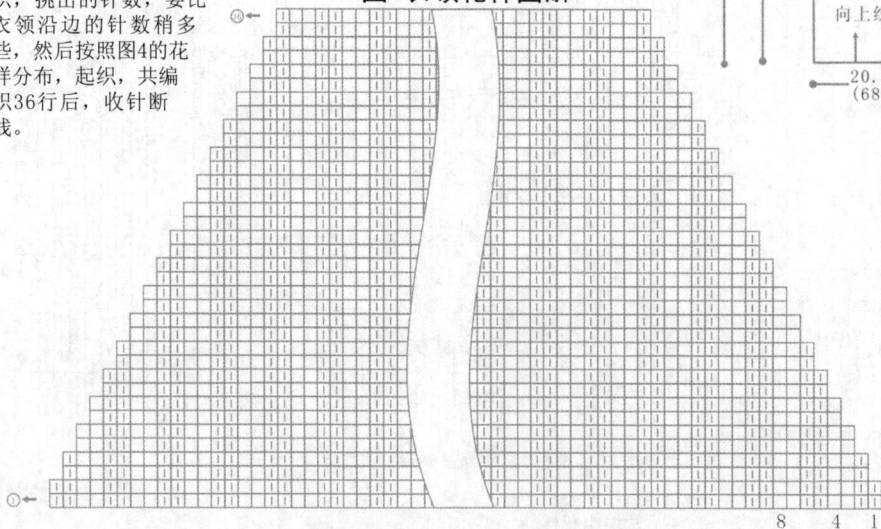

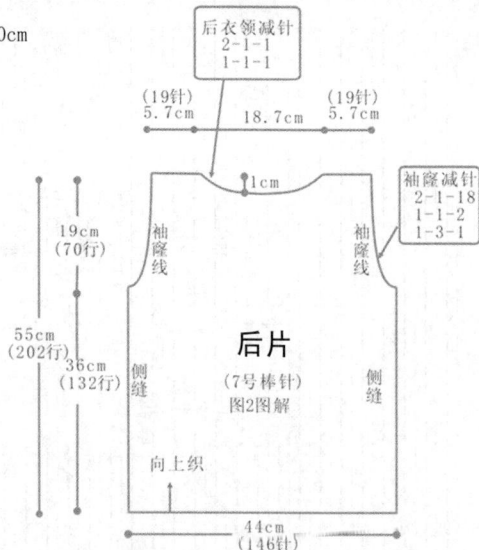

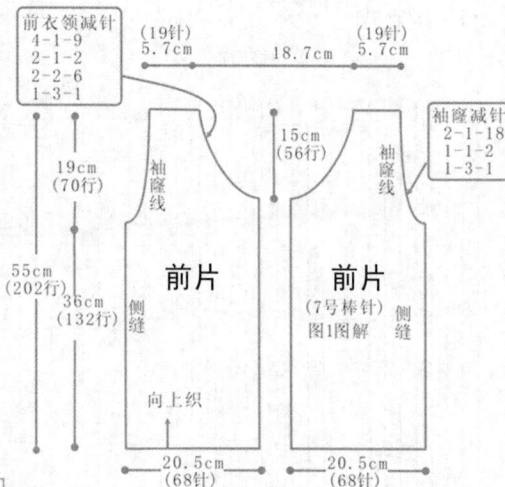

8　4　1

后衣领减针
2-1-1
1-1-1

(19针)　　　　　　　　　　(19针)
5.7cm　　　18.7cm　　　5.7cm

1cm

袖窿减针
2-1-18
1-1-2
1-3-1

19cm
(70行)

55cm
(202行)

36cm
(132行)

袖窿线　　　袖窿线

后片
(7号棒针)
图2图解

侧缝　　　侧缝

向上织

44cm
(146针)

前衣领减针
4-1-9
2-1-2
2-2-6
1-3-1

(19针)　　　　　　　　　(19针)
5.7cm　　　18.7cm　　　5.7cm

袖窿减针
2-1-18
1-1-2
1-3-1

19cm
(70行)

15cm
(56行)

55cm
(202行)

36cm
(132行)

袖窿线　　　袖窿线

前片　　　**前片**
(7号棒针)
图1图解

侧缝　　　侧缝

向上织

20.5cm
(68针)　　　20.5cm
(68针)

符号说明：

□=⊡　上针

⊤　下针

2-1-3　行-针-次

⊠　2针相交叉，左边1针在上

⊠　2针相交叉，右边1针在上

图1前片花样图解

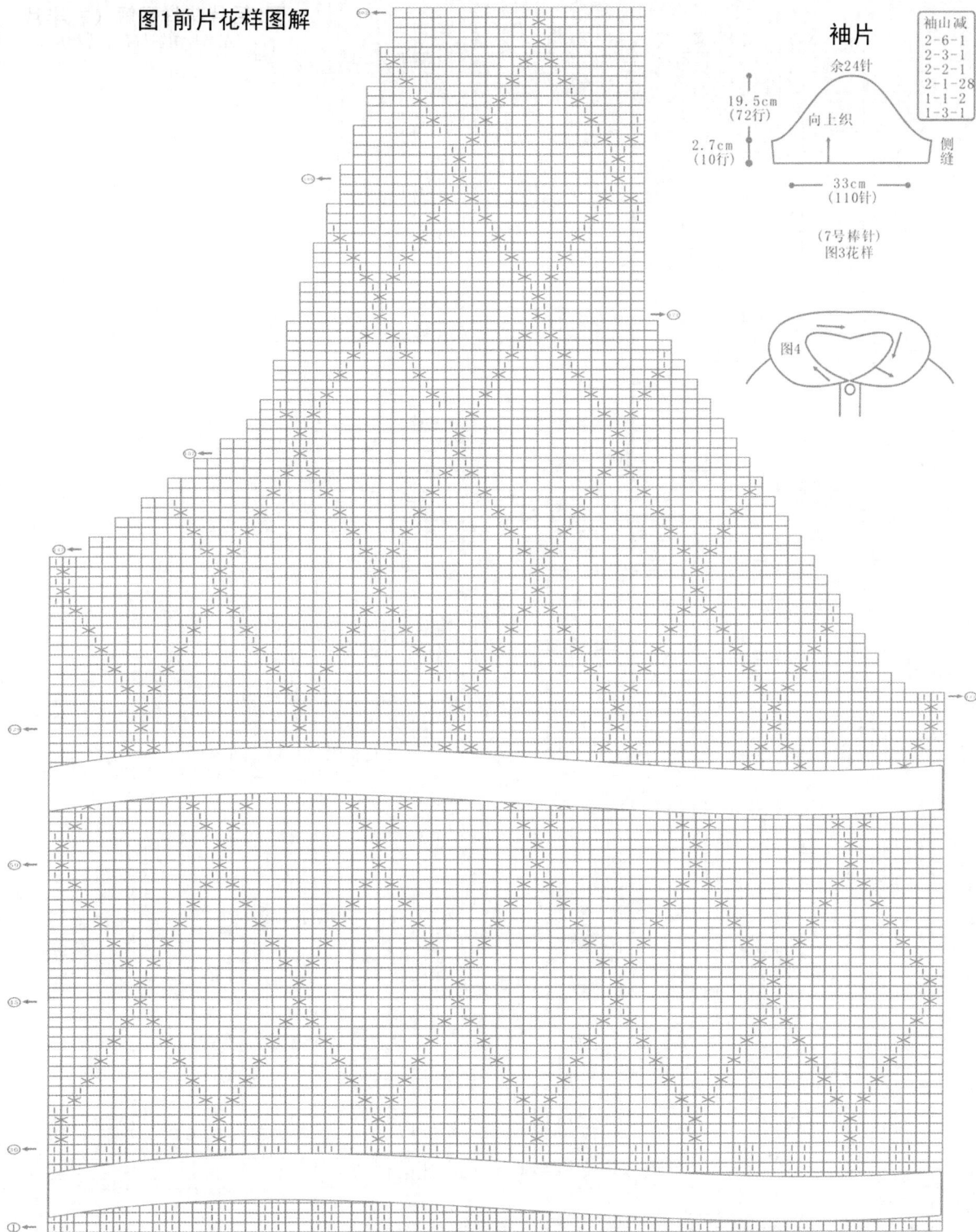

袖片

袖山减
2-6-1
2-3-1
2-2-1
2-1-28
1-1-2
1-3-1

余24针

19.5cm
(72行)

向上织

2.7cm
(10行)

侧缝

33cm
(110针)

(7号棒针)
图3花样

图4

68

1

图2后片花样图解（右半片）
（左半片图解与右半片相反）

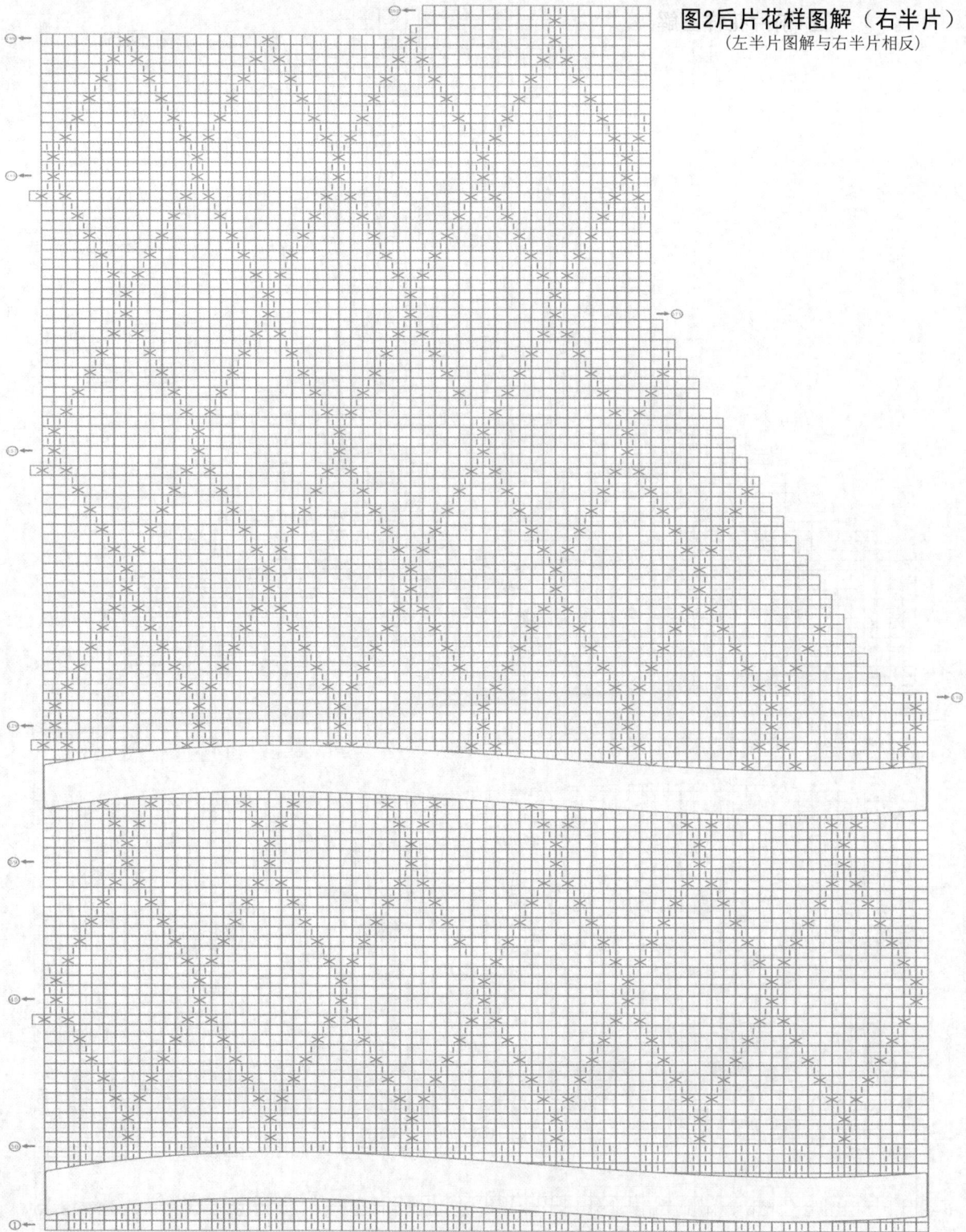

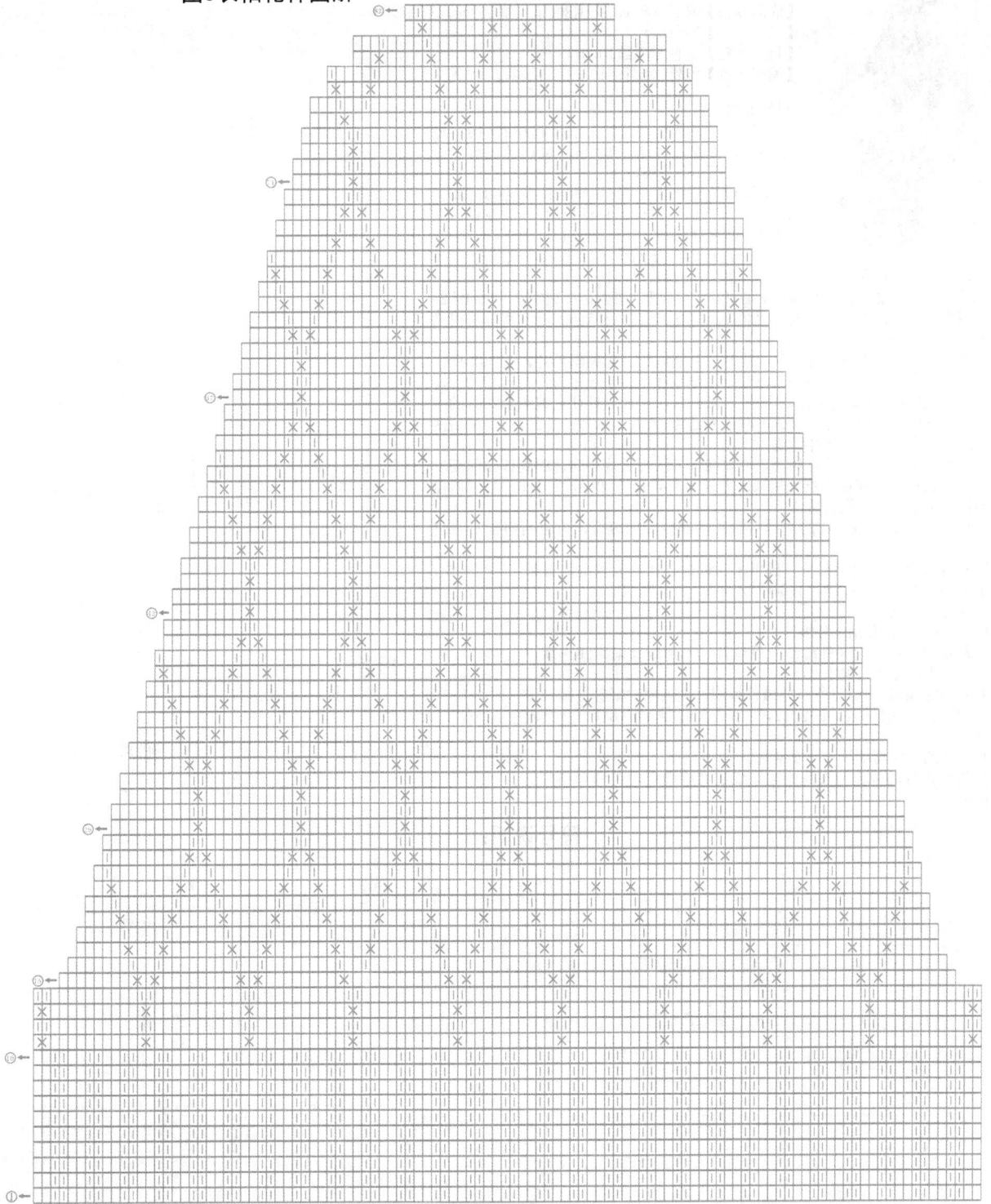

图3衣袖花样图解

留24针

可爱系俏皮公主裙

【成品规格】衣长108cm，胸围80cm，袖长63cm，肩宽34cm
【工　　具】7号棒针
【材　　料】黄色羊毛线1000g
【编织密度】22针×24行=10cm²

制作说明：

1. 先织裙子。从裙摆起往上织，起182针(82cm)不加减针圈织，如花样编织A，每14针16行一个花样，共织13个花样。

2. 从第17行开始编织花样B1和B2，花样B1每3针76行一个花样，花样B2每3针116行一个花样，花样B1与B2交替编织，中间间隔11针的下针，编织完一个花样后，开始全下针编织，共织至57cm时，每2针并1针继续编织全下针，再编织8行收针断线。

3. 编织腰带。腰带为横向编织，起29针，编织方法如花样编织C，每29针24行一个花样，编织11个花样，共264行，与起织对应缝合。再将腰带与裙摆缝合。

4. 编织上身片。上身片分前片和后片，分别编织，先编织后片，起织88针，全下针往上编织，织17cm高后，开始袖窿减针，方法顺序为1-3-1，2-2-2，2-1-2，片的袖窿减少针数为9针。减针后，不加减针往上编织至20cm的高度后，开始后领侧减针，衣领侧减针方法为1-13-1，2-2-2，2-1-1，最后两侧的针数余下17针，收针断线。

5. 前片的编织方法与后片相同，袖窿减针方法与后片相同，织到17cm的高度后，开始前领口减针，衣领侧减针方法为2-4-1，2-2-4，2-1-6，最后两侧的针数余下17针，收针断线。

6. 前片完成后，将前片的侧缝与后片的侧缝对应缝合，再将两肩部对应缝合。

7. 衣身缝合后，挑织衣领，挑出来的针数要比衣领原边的针数稍多些，编织双罗纹针，共编织22cm后，收针断线。

衣袖片制作说明：

1. 2片衣袖片，分别单独编织。

2. 从袖口起织，起80针编织双罗纹针，不加减针编织26cm后，开始全下针编织，编织21cm。

3. 袖山的编织：从第1行起要减针编织，两侧同时减针，减针方法如图：依次1-6-1，2-2-12，2-3-1，最后余下18针，直接收针断线。

4. 同样的方法再编织另一衣袖片。

5. 将两袖片的袖山与衣身的袖窿线边对应缝合，再缝合袖片的侧缝。

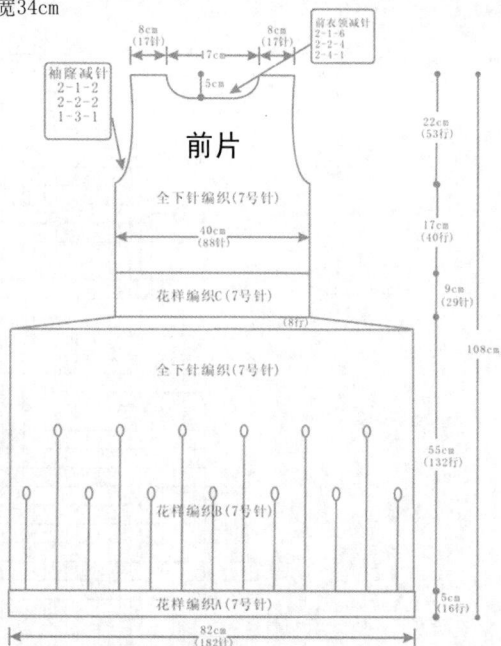

前片

后衣领侧减针
2-1-1
2-2-2
1-13-1

后片

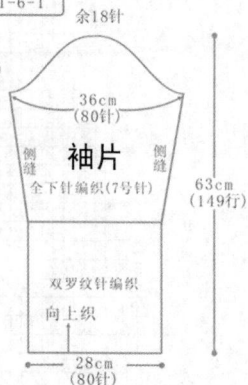

袖片

符号说明：

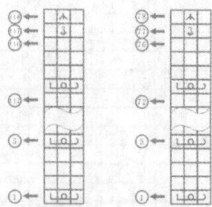

□ 上针		交叉，右边1针在上
□=下针		交叉，左边1针在上
中上3针并1针		2针交叉，右边2针在上
1针编出3针的加针(下挂下)		2针交叉，左边2针在上
铜钱花		2-1-3 行-针-次

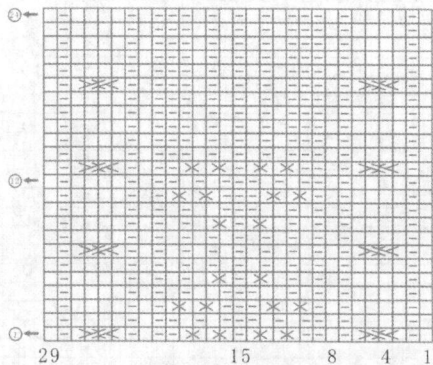

花样编织C

29　　15　　8　4　1

花样编织B2

3　1

花样编织B1

3　1

花样编织A

28　　14　　8　4　1

116

紫色系高贵魅力装

【成品规格】胸围97cm，衣长49.5cm，肩背宽38cm，袖长53cm
【工　　具】5号棒针
【材　　料】深紫马海毛线300g
【编织密度】30针×40行=10cm²

制作说明：
1. 衣服由前、后片及袖片组成。先织后片：按结构图起146针往上织7cm单针罗纹后改织平针到30cm，然后按图示收挂肩及后领。
2. 前片按结构图起146针往上织7cm单针罗纹后将全部针数分成左右两部分往上织。除左右门襟侧织8针单针罗纹外，其他全部织平针织到30cm后按图示收挂肩及前领。
3. 袖子从袖口起122针往上编织到44cm后开始收袖山减针织9cm织到袖长为止。
4. 最后在领围按相关图示挑针织3cm单针罗纹后平收针。

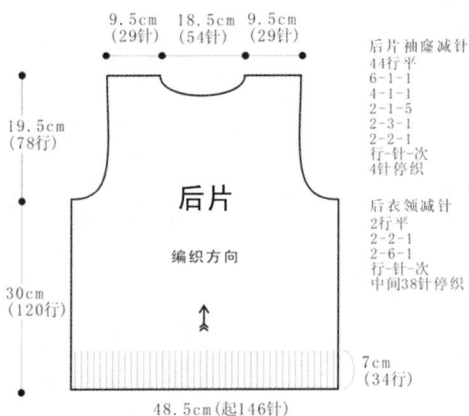

9.5cm (29针)　18.5cm (54针)　9.5cm (29针)

后片袖窿减针
44行平
6-1-1
4-1-1
2-1-5
2-3-1
2-2-1
行-针-次
4针停织

后衣领减针
2行平
2-2-1
2-6-1
行-针-次
中间38针停织

19.5cm (78行)

后片

编织方向

30cm (120行)

7cm (34行)

48.5cm(起146针)

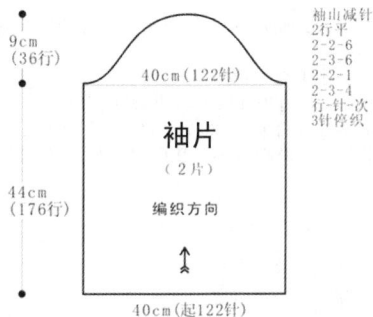

9cm (36行)

袖山减针
2行平
2-2-6
2-3-6
2-2-1
2-3-4
行-针-次
3针停织

40cm(122针)

袖片
（2片）

编织方向

44cm (176行)

40cm(起122针)

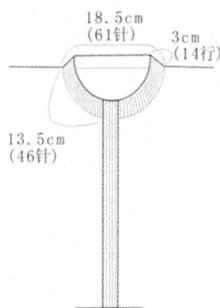

18.5cm (61针)

3cm (14行)

13.5cm (46针)

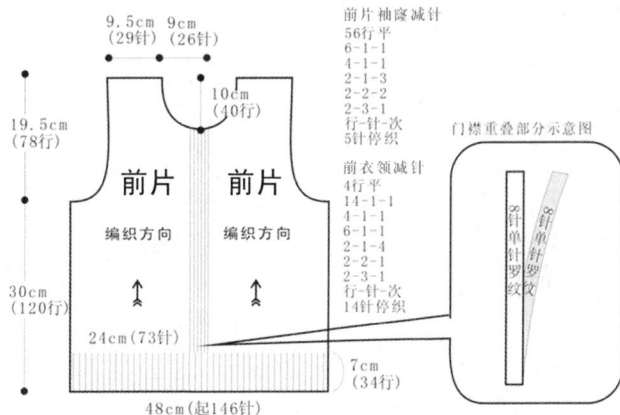

9.5cm (29针)　9cm (26针)

前片袖窿减针
56行平
6-1-1
4-1-1
2-2-2
2-3-1
行-针-次
5针停织

前衣领减针
4行平
14-1-1
4-1-1
6-1-1
2-2-1
2-3-1
行-针-次
14针停织

10cm (40行)

19.5cm (78行)

前片　　**前片**

编织方向　　编织方向

30cm (120行)

24cm(73针)

7cm (34行)

48cm(起146针)

门襟重叠部分示意图

8针单针罗纹

除8针单针罗纹外

扭花纹双排扣长装

【成品规格】衣长70cm，胸围92cm，袖长53cm，肩宽36cm
【工　　具】7号棒针
【材　　料】羊毛线1000g，大扣子10颗
【编织密度】21针×32行=10cm²

衣身片制作说明：

1. 前片分为2片编织，左片和右片各1片，花样对应方向相反。

2. 用7号针起36针后，编织4行双罗纹针后开始编织花样A，花样共24针，置于前片的中间，两边各织6针全下针往上编织。如图，总长度织至65cm高度时，开始前衣领减针，减针方法顺序为1-17-1，3-1-1，2-2-1，2-1-1，最后余下21针，织至70cm，收针断线。

3. 衣襟用7号针1片横向挑针，挑出的针数要比大衣本身稍多些，编织双罗纹针，编织6cm(20行)后，收针断线。

4. 同样的方法再编织另一前片，完成后，将两前片的侧缝与后片的侧缝对应缝合，注意在适当位置留出约12cm为口袋口，不要缝住。再将两肩部对应缝合。最后在一侧前片钉上扣子。不钉扣子的一侧，要制作相应数目的扣眼，扣眼的编织方法为，在当行收起数针，在下1行重起这些针数，这些针数两侧正常编织。

4. 编织2片长13cm×2cm的方片，缝于上面留置的袋口处。

衣袖片制作说明：

1. 2片衣袖片，分别单独编织。

2. 袖口为横向编织，起30针后，右边4针编织2行下针、2行上针间隔编织，第5针至第28针编织花样A，第29至30针全上针编织，一直往右编到约29.5cm长，收针。纵向往上挑织衣袖，挑62针，两侧同时加针编织，加针方法为

6-1-10，加至84针，织至90行。

3. 袖山的编织：从第1行起要减针编织，两侧同时减针，减针方法如图，依次1-4-1，2-2-8，1-2-7，最后余下16针，直接收针断线。

4. 同样的方法再编织另一衣袖片。

5. 将两袖片的袖山与衣身的袖窿线边对应缝合，再缝合袖片的侧缝。

衣领制作说明：

挑针起织衣领，挑出的针数，要比沿边的针数稍多些，编织如花样图B双罗纹针，编织8cm，收针断线。

花样编织B

10　　　　　1

符号说明：

□=□　　上针

□　　下针

2针相交叉，左2针在上

2针相交叉，右2针在上

左下1针与右上2针交叉

右下1针与左上2针交叉

中上3针并1针

1针编织出3针的加针

2-1-3　行-针-次

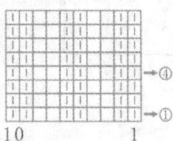

前片

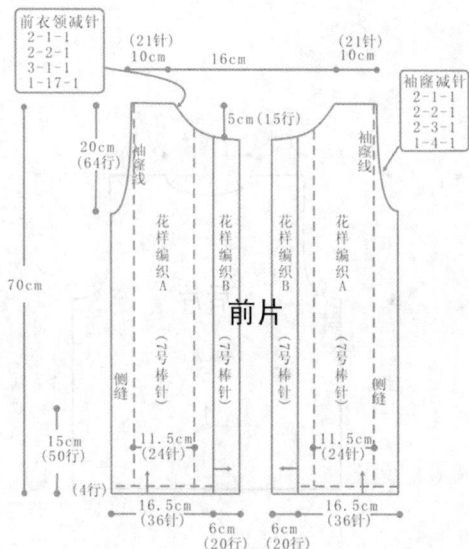

后片

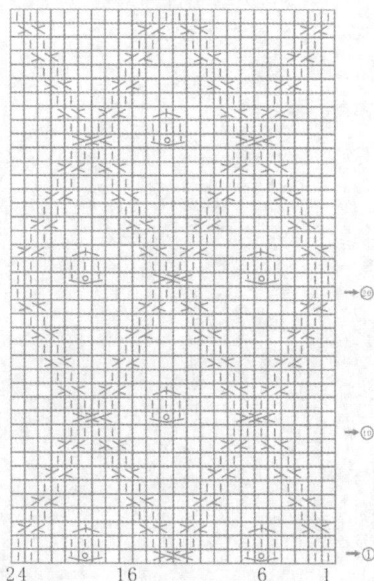

袖片

花样编织A

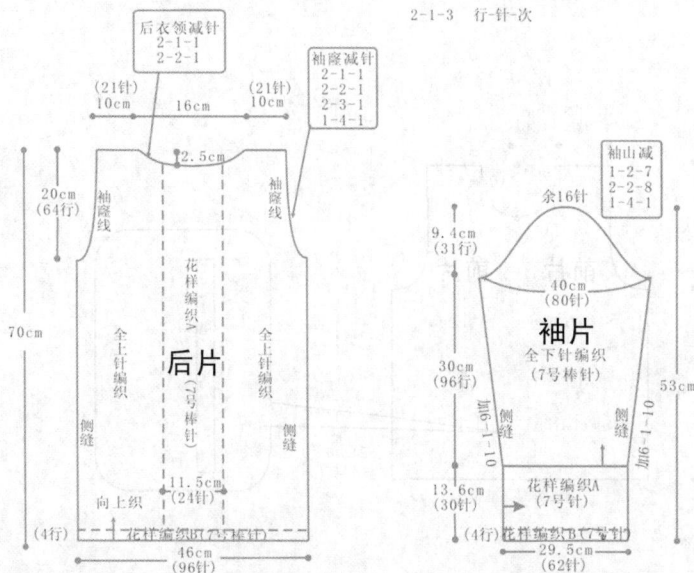

24　　16　　6　　1

宽松款圆领花纹衫

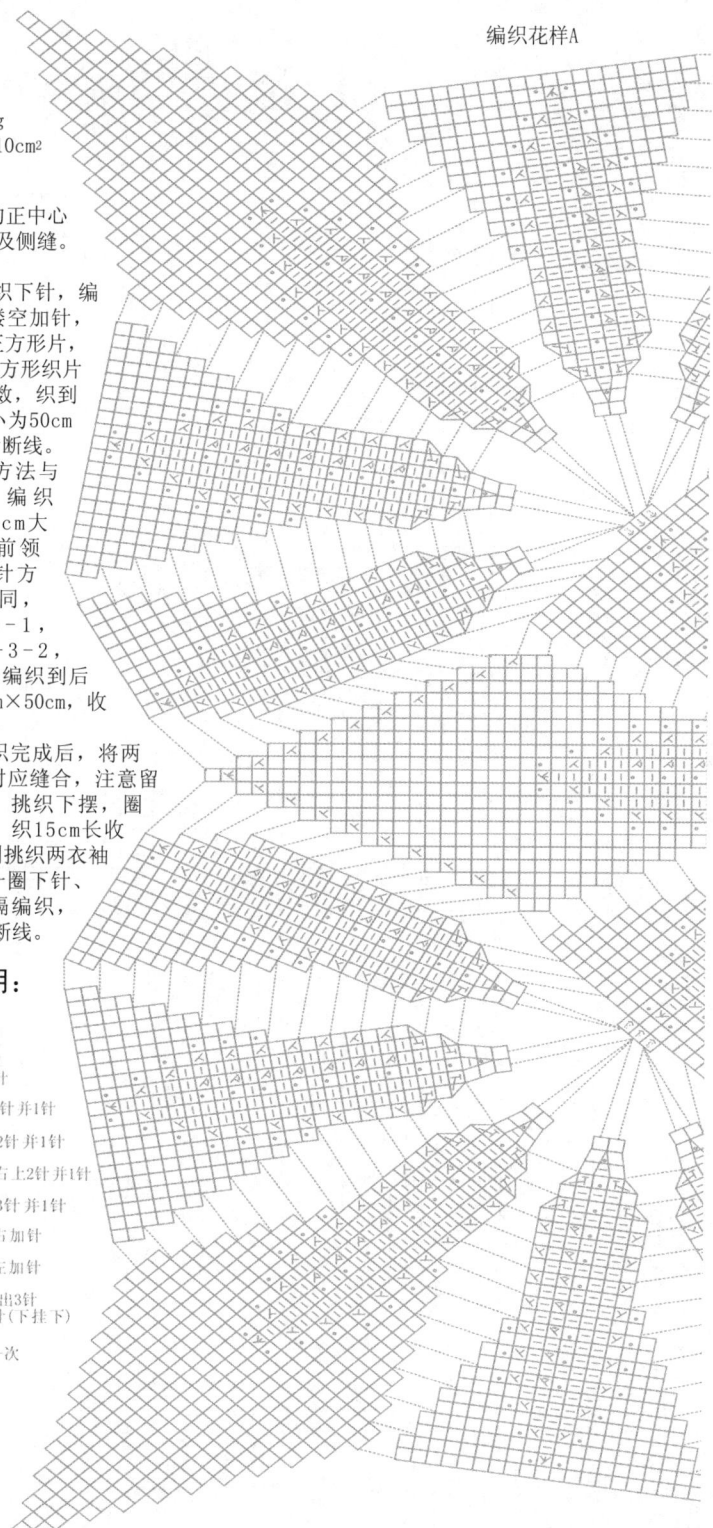

编织花样A

【成品规格】衣长65cm,
　　　　　　胸围100cm
【工　　具】7号棒针
【材　　料】绿色棉线400g
【编织密度】21针×21针=10cm²

制作说明:

1. 后片为1片编织,从衣的正中心起织,往四周编织至肩部及侧缝。
(最好使用5根棒针编织)
2. 先编织后片,起8针圈织下针,编织1行后,从第2行开始镂空加针,详解见花样A。后片为一正方形片,编织至48cm×48cm的大小时,开始后领口减针。从正方形片一条边的中间留40针不织,收针,反向织余下的针数,织到领口收针的位置,再反向编织,最后编织到后片大小为50cm×50cm,收针断线。

3. 前片编织方法与后片相同,编织到40cm×40cm大小时,开始前领口减针,减针方法与后片相同,顺序为1-5-1、2-5-1、2-3-2、2-2-2,最后编织到后片大小为50cm×50cm,收针断线。

4. 前后片编织完成后,将两侧缝及肩部对应缝合,注意留出袖窿位置。挑织下摆,圈织双罗纹针,织15cm长收针断线。分别挑织两衣袖口,袖口为一圈下针、一圈上针间隔编织,织8行,收针断线。

符号说明:

符号	说明
□	上针
□=Ⅰ	下针
⊡	镂空针
⊠	右上2针并1针
⊠	左上2针并1针
⊠	上针右上2针并1针
⊠	左上3针并1针
⊞	上针右加针
⊞	上针左加针
⊞	1针编出3针的加针(下挂下)

2-1-3　行-针-次

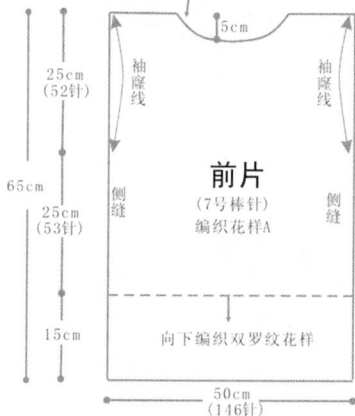

前衣领减针
2-2-2
2-3-2
2-5-1
1-5-1

(19针)　　　　　　(19针)
15.5cm　　19cm　　15.5cm

25cm
(52针)

65cm

25cm
(53针)

15cm

前片
(7号棒针)
编织花样A

袖窿线　　　袖窿线
侧缝　　　　侧缝

5cm

向下编织双罗纹花样

50cm
(146针)

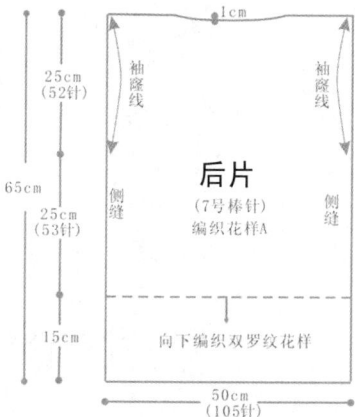

(19针)　　　　　　(19针)
15.5cm　　19cm　　15.5cm

25cm
(52针)

65cm

25cm
(53针)

15cm

后片
(7号棒针)
编织花样A

袖窿线　　　袖窿线
侧缝　　　　侧缝

1cm

向下编织双罗纹花样

50cm
(105针)

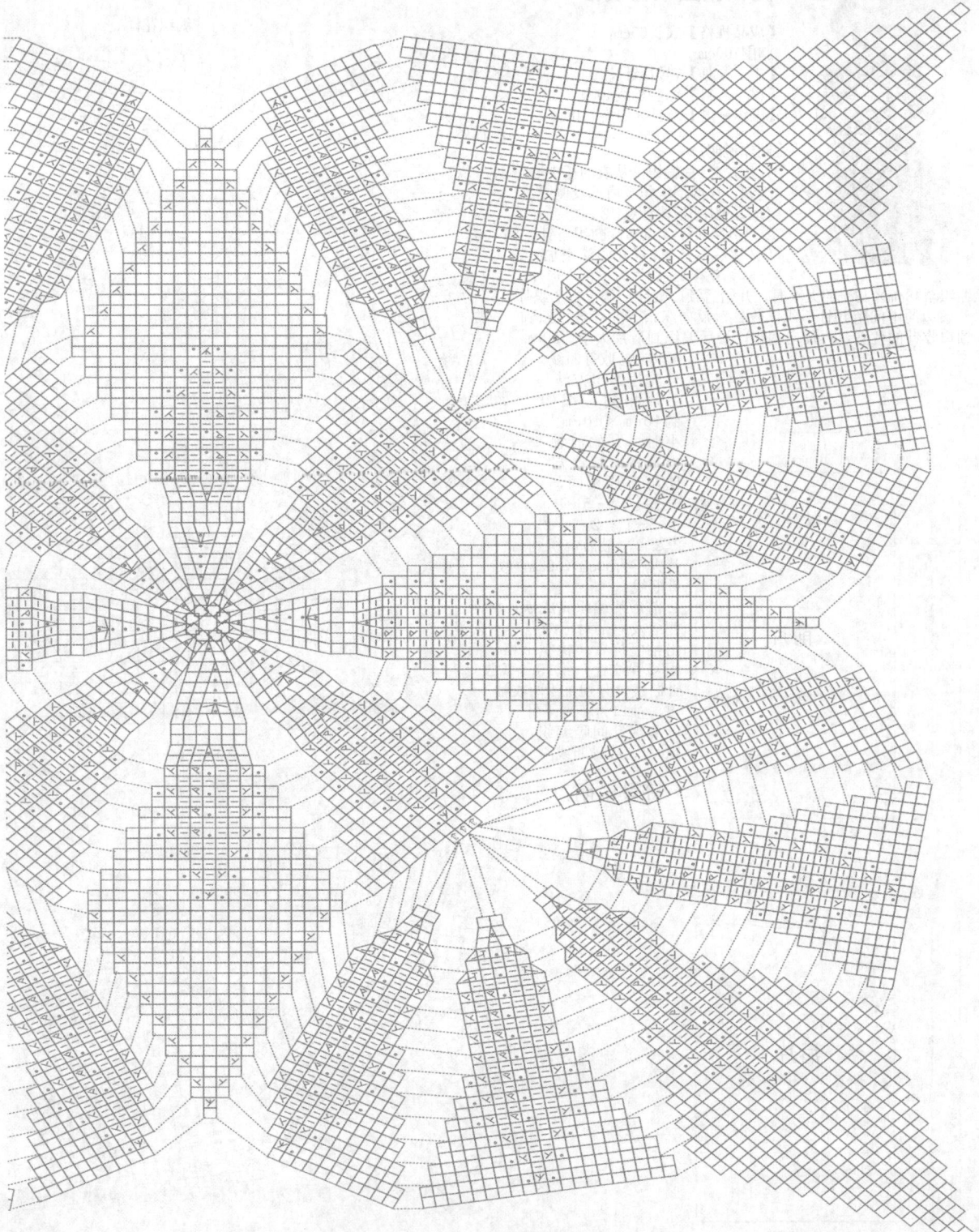